中国海南菜烹饪技艺传承与创新新形态一体化系列教材
“海南省中高职（衔接）海南菜地方特色专业课程标准与教材开发”成果系列教材

总主编　杨铭铎

烹调基本功（海南版）

PENGTIAO JIBENGONG
（HAINAN BAN）

主　编　郑承德　陈丽娜　丁来科
副主编　林　超　陈　亮　蔡仁锋　何声煌
参　编（按姓氏笔画排序）
丁来科　王　坚　王赞伟　邓　雄
刘晓梦　何声煌　陈丽娜　陈　亮
林　超　周　倩　郑承德　蔡仁锋

華中科技大學出版社
http://press.hust.edu.cn
中国·武汉

内容简介

本书是中国海南菜烹饪技艺传承与创新新形态一体化系列教材、“海南省中高职(衔接)海南菜地方特色专业课程标准与教材开发”成果系列教材。

本书共设置五个项目，分别是磨刀、刀法、刀工工艺形态与加工方法、翻锅和勺工。五个项目下设十九个学习任务，每个学习任务之后还设置了相应的任务拓展。

本书可用于烹饪类、旅游类、餐饮类等相关专业的教学，也可作为餐饮文化爱好者的参考书籍。

图书在版编目(CIP)数据

烹调基本功：海南版/郑承德，陈丽娜，丁来科主编. —武汉：华中科技大学出版社，2023.7
ISBN 978-7-5680-9792-5

Ⅰ. ①烹… Ⅱ. ①郑… ②陈… ③丁… Ⅲ. ①烹饪-方法-职业教育-教材 Ⅳ. ①TS972.11

中国国家版本馆 CIP 数据核字(2023)第 134341 号

烹调基本功(海南版)

Pengtiao Jibengong(Hainan Ban)　　　　郑承德　陈丽娜　丁来科　主编

策划编辑：汪飒婷
责任编辑：李艳艳
封面设计：原色设计
责任校对：朱　霞
责任监印：周治超
出版发行：华中科技大学出版社(中国·武汉)　　电话：(027)81321913
　　　　　武汉市东湖新技术开发区华工科技园　　邮编：430223
录　　排：华中科技大学惠友文印中心
印　　刷：武汉科源印刷设计有限公司
开　　本：889mm×1194mm　1/16
印　　张：10.5
字　　数：255 千字
版　　次：2023 年 7 月第 1 版第 1 次印刷
定　　价：49.80 元

华中出版

本书若有印装质量问题，请向出版社营销中心调换
全国免费服务热线：400-6679-118　竭诚为您服务

中国海南菜烹饪技艺传承与创新新形态一体化系列教材

“海南省中高职（衔接）海南菜地方特色专业课程标准与教材开发”

成果系列教材

编委会

王　冠　海南昌隆餐饮酒店管理有限公司董事长
王位财　海口龙华石山乳羊第一家总经理
王树群　海口美兰琼菜记忆饭店董事长
韦　琳　海南省烹饪协会副会长
云　奋　海南琼菜老味餐饮有限公司总经理
卢章俊　海南龙泉集团龙泉酒店白龙店总经理
叶河清　三亚益龙餐饮文化管理有限公司董事长
邢　涛　海南省烹饪协会副会长
汤光伟　海南省教育研究培训院职教部教研员
李学深　海南省烹饪协会常务副会长
李海生　海南琼州往事里贸易有限公司总经理
何子桂　元老级注册中国烹饪大师、何师门师父
张光平　海南省烹饪协会副会长
陈中琳　资深级注册中国烹饪大师、陈师门师父
陈诗汉　海南琼菜王酒店管理有限公司总监
林　健　海南龙泉集团有限公司监事长
郑　璋　海口旅游职业学校餐饮管理系主任
郑海涛　海南省培训教育研究院职教部主任
赵玉明　海口椰语堂饮食文化有限公司董事长
唐亚六　海南省烹饪协会副会长
龚季弘　海南拾味馆餐饮连锁管理有限公司总经理
符志仁　海口富椰香饼屋食品有限公司总经理
彭华洪　海南良昌饮食连锁管理有限公司董事长

总序

FOREWORD

党的二十大报告指出:“统筹职业教育、高等教育、继续教育协同创新,推进职普融通、产教融合、科教融汇,优化职业教育类型定位。”2019 年,国务院印发《国家职业教育改革实施方案》,指出职业教育与普通教育具有同等重要地位。教师、教材、教法(“三教”)贯彻人才培养全过程,与职业教育“谁来教、教什么、如何教”直接相关。2021 年,中共中央办公厅、国务院办公厅印发的《关于推动现代职业教育高质量发展的意见》中明确提出了“引导地方、行业和学校按规定建设地方特色教材、行业适用教材、校本专业教材”。

海南菜(琼菜),起源于元末明初,至今已有六百多年的历史,是特色鲜明、风味百变且极具地域特色的菜系。传承海南菜技艺,弘扬海南饮食文化,对于推动海南餐饮产业创新,满足海南人民对美好生活的向往,乃至推动全省经济和社会发展都具有非常重要的作用。

海南菜的发展离不开人才,而餐饮职业教育承载着餐饮人才培养的重任。海南省餐饮中等职业教育现有在校学生 2 万余人,居海南省中等职业学校各专业学生人数之首,餐饮高等职业教育在校学生约 2000 人,具备了一定的规模。然而,目前中高等职业学校烹饪专业选用的教材多为国家规划教材,一方面,这些教材内容缺乏海南菜的地方特色,从而导致学生服务海南自由贸易港建设的能力不足;另一方面,这些中、高等职业教育教材在知识点、技能点上缺乏区分度,不利于学生就业时分层次适应工作岗位。

为贯彻、落实上述文件精神,振兴海南菜,提升烹饪人才的培养质量,海南省教育厅正式准予立项“海南省中高职(衔接)海南菜地方特色专业课程标准与教材开发”项目。遵照海南省教育厅职业教育与成人教育处领导在中国海南菜教材编写启动仪式上的指示,在多方论证的基础上,本系列教材的编写工作正式启动。本系列教材由海南省餐饮职业教育领域对本专业有较深研究,熟悉行业发展与企业用人要求,有丰富的教学、科研或工作经验的领导、老师和行业专家、烹饪大师合力编著。

本系列教材有以下特色。

1. 权威指导,多元开发 本系列教材在全国餐饮职业教育教学指导委员会专家的指导和支持下，由省级以上示范性（骨干、高水平）或重点职业院校、在国家级技能大赛中成绩突出、承担国家重点建设项目或在省级以上精品课程建设中经验丰富的教学团队和能工巧匠引领，在行企业、教科研机构共同参与下，紧密联系教学标准、职业标准及对职业技能的要求，体现出了教材的先进性。

2. 紧跟教改，思政融合　“三教”改革中教材是基础，本系列教材在内容上打破学科体系、知识本位的束缚，以工作过程为导向，以真实生产项目、典型工作任务、案例等为载体组织教学单元，注重吸收行业新技术、新工艺、新规范，突出应用性与实践性，同时加强思政元素的挖掘，有机融入思政教育内容，对学生进行价值引导与精神滋养，充分体现党和国家意志，坚定文化自信。以习近平新时代中国特色社会主义思想为指导，既传承海南菜的特色经典，保持课程内容相对稳定，同时与时俱进，体现新知识、新思想、新观念，本系列教材增强育人功能，是培根铸魂、启智增慧、适应海南自由贸易港建设要求的精品教材。

3. 理念创新，纸数一体　建立“互联网＋”思维的编写理念，构建灵活、多元的新形态一体化教材。依托相关数字化教学资源平台，融合纸质教材和数字教学资源，以扫描二维码的形式帮助老师及学生共享优质配套教学资源。老师可以在平台上设置习题、测试，上传电子课件、习题解答、教学视频等，做到“扫码看课，码上开课”，扫一扫即可获得相关技能点的详尽视频解析，可以更有效地激发学生学习的热情和兴趣。

4. 形式创新，丰富多样　根据餐饮职业院校学生特点，创新教材形态，针对部分行业体系课程，汇集行企业大师、一线骨干教师，依据典型的职业工作任务，设计开发科学严谨、深入浅出、图文表并茂、生动活泼且多维、立体的新型活页式、工作手册式融媒体教材，以满足日新月异的教与学的需求。

5. 校企共编，产教融合　本系列的每本教材实行主编负责制，由各院校优秀教师或经验丰富的领导和行业烹饪大师共同担任主编，教师主要负责文字编写，烹饪大师负责菜点指导或制作。以职业教育人才成长的规律为出发点，体现人才培养改革方向，将知识、能力和正确的价值观与对人才的培养有机结合，适应专业建设、课程建设、教学模式与方法改革创新方面的需要，满足不同学习方式要求，有效激发学生学习的兴趣和创新的潜能。

楊柳

中国烹饪协会会长

前言

PREFACE

随着海南自贸港建设的不断深入，海南旅游业进入新的高质量发展阶段，餐饮业对烹饪从业人员的专业知识、职业技能和综合素质提出了更高的要求。目前有关烹调基本功的教材、专业书籍涉及的理论知识较多，有些知识专业性太强而实践中运用较少，中职学生不易接受；有些关于基础的烹饪操作处理方法介绍得过于简单，实用性不强。另外，很多书籍也未能将烹饪专业的学习任务、企业的岗位要求与职业标准融入其中，对于从业人员的指导作用略有欠缺。2020 年 9 月国家教育部等九部门出台《职业教育提质培优行动计划(2020—2023 年)》，提出实施职业教育“三教”改革攻坚行动，强调要加强职业教育教材建设，并提出教材改革要根据职业学校学生特点创新教材形态，推行科学严谨、深入浅出、图文并茂、形式多样的活页式、工作手册式融媒体教材，更好地服务于中等职业教育教学改革的要求。

烹调基本功是中西餐烹饪专业必修的基础实践课程。本课程的定位是让学生练好烹饪的基本功，包括烹饪加工所需的刀工、刀法及刀口，烹调制作所需翻锅与勺工等方面的技能，让学生对烹调基本功有初步的认知与实践，特别是掌握烹饪过程中原料加工、料头准备和配菜操作的基础知识和操作技能，这也正是餐饮业厨房从业人员的一项基本技能。本教材共设置五个项目，分别是磨刀、刀法、刀工工艺形态与加工方法、翻锅和勺工，五个项目下设十九个学习任务，每个学习任务之后还设置了相应的任务拓展，旨在强化烹饪操作的基本知识和技能，满足学习者的不同学习需求。

为更好地体现“做中学、学中做”的教学理念，教材在体例设计上遵循行动导向、任务驱动的理念，每个学习项目由项目描述、项目目标构成，每个任务由任务描述、任务导入、任务目标、任务拓展、评价标准等多个环节构成，图文并茂，任务实施过程介绍详细具体，还有配套的视频资源，适合学生多样化学习。

本活页式教材具有以下几点特色。

1. 学习结果导向，任务驱动，突破单纯的实践教学模式

本教材内容的选取融合学生的学习结果导向和企业的岗位要求，以此为基础确定学习目标，

并形成项目—任务式体例结构；学生通过学习，获得专业知识、技能，并培养职业素质，实践“教、学、做”一体化教育的教学模式。本书采取活页式的装订，与企业合作，共同完成教材内容的编写，并以二维码形式关联课件、视频等数字资源，可满足海南地区中等职业学校烹饪专业人才培养方案的具体教学要求。

2.融入思政与“岗课赛证”的活页式教材

市面上有些烹调基本功类教材涉及的实践内容较为孤立，实用性相对较弱；有些虽内容设置符合现在的市场需求，但适合有一定基础的学习者，对没有基础的学生来说，学习上会遇到诸多困难。本活页式教材是一本集理论科学性、生产实践性、烹饪基础知识应用与课程思政于一体的基础性教材，教材内容选取源于岗位工作标准、职业技能大赛和职业技能鉴定涉及的实操技能，既有理论教学内容，又有实践操作内容。另外，教材中既有基础操作技艺原理与基础知识的介绍，又融入思政元素，因此适合初学者使用，能真正让学生学以致用，这是本活页式教材的重要特征。

3.校企行多方合作共编兼具系统性及实用性的活页式教材

教材编写小组成员除有双师型教师，还有海南高星级酒店厨房管理者和中餐厨师的加入，如丁来科，引用上述企业相关岗位的标准和专业技术的案例，紧跟行业发展趋势和行业人才需求，及时将行业发展中的新技术、新工艺纳入教学内容。本活页式教材可用于烹饪类、旅游类、餐饮类相关专业的教学，也可作为餐饮文化爱好者的参考书籍，能为自主学习者提供系统的、专业的烹饪基础理论知识与技能训练，并结合中式烹饪技术发展的实际，提高烹饪职业教育教学的质量，对烹饪专业人才培养质量将产生积极的影响。

本活页式教材由编写小组协作完成。具体分工如下：海南省农业学校郑承德、陈丽娜，负责全书统筹、审核，海南大院酒店管理有限公司丁来科负责编写企业案例和岗位标准等内容以及技术、技能内容的审核。项目一磨刀和项目二刀法部分由海南省农业学校林超、郑承德负责编写，项目三刀工工艺形态与加工方法部分由海南省技师学院蔡仁锋、海南省农业学校邓雄负责编写，项目四翻锅和项目五勺工部分由海南省农业学校陈亮、陈丽娜负责编写，海南省农业学校刘晓梦、邓雄及陵水黎族自治县职业中等专业学校何声煌负责图片、视频拍摄与编辑以及部分文字的整理；海南职业技术学院周倩、海南省农林科技学校王坚、海南省银行学校王赟伟负责部分文字的整理和案例的收集。

本活页式教材的编写得到了杨铭铎教授的大力支持和科学指导，华中科技大学出版社的汪飒婷等编辑从开始策划到教材落地的精心安排、跟踪指导和热情服务，另外，各参编学校领导、老师以及合作企业也给予了鼎力支持，在此一并表示衷心的感谢。

受限于编者能力与时间，本书的编写难以尽善尽美，希望广大教师、行业从业者和学习者提出宝贵的指导意见。

编　者

Note

目录 CONTENTS

Note

《烹调基本功(海南版)》视频清单

序号	页码	视频名称	序号	页码	视频名称
1	20	直刀切黄瓜	22	81	丝的成形方法与规格
2	23	推刀切土豆	23	84	条、段的成形方法与规格
3	25	拉刀切莴笋	24	89	丁的成形方法与规格
4	27	推拉切猪肉	25	91	粒、末的成形方法与规格
5	30	滚料切胡萝卜	26	94	蓉、泥的成形方法与规格
6	33	平刀直片豆腐	27	96	球的成形方法与规格
7	36	平刀推片胡萝卜	28	99	十字形花刀
8	38	平刀拉片莴笋	29	102	菊花形花刀
9	40	平刀推拉片瘦猪肉	30	105	麦穗形花刀
10	42	平刀滚料片心里美萝卜	31	108	蓑衣形花刀
11	45	斜一字花刀剞鲈鱼	32	122	小翻锅方法
12	48	牡丹花刀剞鲳鱼	33	124	大翻锅方法
13	50	柳叶花刀剞鲳鱼	34	127	晃锅方法
14	54	砍猪排骨	35	129	悬翻锅
15	56	跟刀砍猪脚	36	131	助翻锅
16	58	拍刀砍大鱼头	37	144	小翻勺方法
17	61	单刀剁猪肉	38	147	大翻勺方法
18	63	双刀剁猪肉	39	150	助翻勺
19	66	排刀法加工鸡胸肉	40	152	晃勺方法
20	75	块的成形方法与规格	41	154	转勺
21	78	片的成形方法与规格			

项目一
磨刀

项目一

【项目描述】

在现代厨房中，磨刀、保持刀具锋利，仍然是厨房常规工作中不可或缺的一部分。磨刀石、磨刀棒等是很多厨房必备的辅助器具。厨房日常加工中，高效磨刀为何如此重要？我们应该如何正确磨刀以提升刀工加工效率和效果呢？

无论是厨房菜肴制作中的原料切配加工，还是面点馅料调制所需原料的刀工处理，都需要有刀口锋利的刀具。厨房每日开档前需检查刀具是否锋利，进行必要的磨刀工作。在厨房开档中，也需要在砧板的附近配备一块磨刀石以备不时之需。不同用途的刀具，需要根据磨石的特点，运用相应的磨刀方法对刀具进行磨刀操作。使用后需保养刀具、砧板和磨刀石等器具，以确保刀具锋利、高效切割加工的同时，器具能使用得更久。

【项目目标】

磨刀是刀工辅助技术，是按磨刀石和刀具的种类运用不同的方法进行操作，将刀磨出锋利的刀刃，以便切割烹饪原料。本项目分为认识刀具、选择与保养砧板以及使用磨刀石三项主要任务，将具体讨论刀具、砧板、磨刀石的使用与刀具保养以及磨刀在实际厨房工作中的应用。通过本项目的学习，需掌握以下几点。

· 能认识各种刀具、砧板及磨刀石。

· 掌握刀具及砧板的保养方法。

· 掌握磨刀技术及磨刀的注意事项。

· 掌握刀刃检验方法。

· 明确磨刀操作对刀工的重要性，养成良好的磨刀操作习惯，树立在厨房工作场所的安全意识。

· 通过对刀具、砧板及磨刀石的学习，激发学生在未来工作岗位上展示职业风采。

· 培养吃苦耐劳的精神和坚持不懈的钻研精神。

任务一

认识刀具

任务描述

刀具指专门用于烹饪原料切割成形的工具。烹饪原料的成形规格和质量直接影响着菜肴的品质，为了将不同种类、质地的原料加工成符合要求的规格，必须掌握刀具的种类及其用途，在原料加工时选择合适的刀具。

任务导入

“工欲善其事，必先利其器”，选择刀具是烹饪原料加工过程中第一个需要解决的问题。刀具的质量优劣、使用是否得当，都将关系到菜肴的形态和品质。此外，在烹饪原料加工过程中，还需要选择与刀具相匹配的优质砧板和磨刀石。所以，能够识别并选择烹饪刀具，做好刀具保养，会运用适宜的刀法等，是一名优秀烹调师必须掌握的基本知识和技能。在选择刀具这项工作中，具体要了解哪些相关知识呢？刀具有哪些用途及保养方法呢？

任务目标

①了解刀具的概念及其种类。

②能根据烹饪原料正确选用刀具。

③掌握刀具的保养方法。

④针对不同的刀具应用不同的磨刀石。

⑤分析刀具、磨刀石和砧板的匹配问题，并进行必要调整。

⑥树立良好的安全意识，养成良好的安全操作习惯，培养良好的职业素养。

任务实施

一、刀具的种类

刀具的种类很多，且具有很强的地方特色。在烹饪行业中，通常按刀具的形状和用途进行分类，按形状可分为方头刀、圆头刀、马头刀、尖头刀等，按用途可分为批刀、切刀、斩刀、前切后斩刀及其他类型的刀具。

1. 批刀　批刀又称片刀，重量轻，刀身薄，刀刃锋利，形状多为长方形，适用于将质地较嫩的、无骨的动植物原料加工成片、丝、条、丁等形状，见图 1-1。

Note

2. 切刀　切刀的形状与批刀相似，重量比批刀略重，刀身比批刀略宽、略厚，应用范围较广，既可用于切片、条、丝、块、丁等，又可用于加工略带细小骨头或质地较硬的动植物原料，见图 1-2。

图 1-1　批刀

图 1-2　切刀

3. 斩刀　斩刀又称砍刀、劈刀、骨刀、厚刀，刀身厚重，形状各异，以长方形和圆形居多，主要用于加工带骨或质地坚硬的原料，见图 1-3。

图 1-3　斩刀

4. 前切后斩刀　前切后斩刀又称文武刀，刀身前半部分薄而锋利，近似于批刀，刀身后半部分厚而钝，近似于斩刀。前切后斩刀综合了切刀和斩刀的用途，刀的前半部分能切无骨的动植物原料，后半部分能砍小型带骨的原料，如鸡、鸭、排骨等，见图 1-4。

(a)　　(b)

图 1-4　前切后斩刀

5. 其他类型的刀具

(1)椰子刀　体形较大，刀头大，呈三角形，刀刃比较锋利，主要用于新鲜椰子去壳和开口，见图 1-5。

(2)烤鸭刀　又称小批刀，形状与批刀相似，刀身比批刀窄而短，刀体较轻，刀刃锋利，主要用

图 1-5 椰子刀

于切烤熟的鸭肉，见图 1-6。

图 1-6 烤鸭刀

（3）生蚝刀 刀尖呈三角形，刀刃较短而不锋利，重量轻而小巧，主要用于鲜活生蚝的开壳取肉，见图 1-7。

图 1-7 生蚝刀

（4）尖刀 刀形前尖后宽，呈三角形，重量较轻，多用于刮鱼鳞和剔骨，此刀在西餐菜肴制作中使用较多，见图 1-8。

（5）镊子刀 前半部分是刀，呈三角形，后半部分（即刀柄）是镊子，刀的部分主要用于原料的

图 1-8 尖刀

挖、刮、剖等，镊子用于夹鸡、鸭等原料上的余毛，见图 1-9。

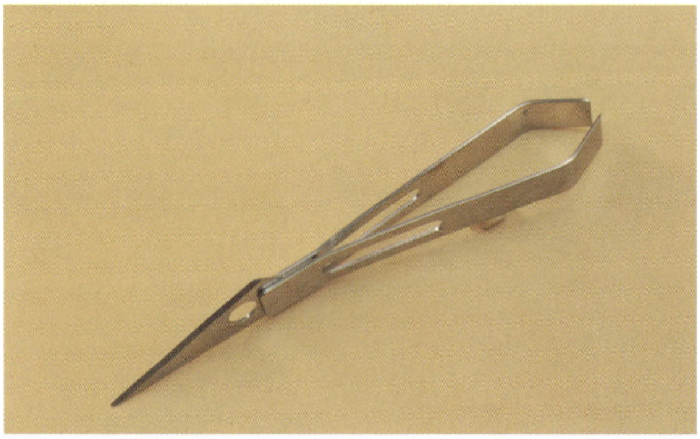

图 1-9 镊子刀

（6）雕刻刀　专门用于食品雕刻的刀具，一般用不锈钢或铜质材料精制而成，小巧灵便，刀口锋利，品种较多，按其形状和用途可分为平口刀、斜口刀、圆口刀、槽口刀、模具刀等，使用者也可根据具体操作需要和使用习惯，自行设计制作雕刻刀，见图 1-10。

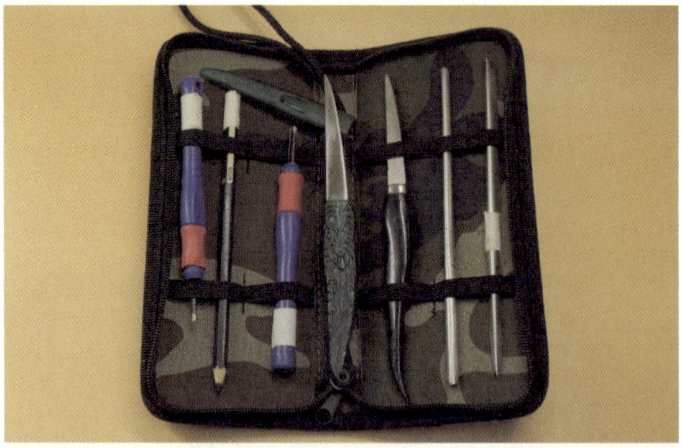

图 1-10 雕刻刀

（7）剪刀　多用于鱼、虾等动物内脏及蔬菜原料的加工整理，见图 1-11。

（8）拍皮刀　刀身光滑，刀口较钝，形状近似批刀，主要用于制作虾饺及同类性质面皮的拍皮，见图 1-12。

（9）刨刀　刨刀的样式较多，主要用于刮除蔬菜和瓜果的皮，见图 1-13。

图 1-11　剪刀

图 1-12　拍皮刀

图 1-13　刨刀

二、刀具的保养

刀具在使用过程中及使用后的保养是延长刀具使用寿命、确保刀工质量的重要保证。刀具的保养要做到以下几点。

①根据刀具的用途和形状特点，运用正确的磨刀方法，保持刀刃锋利，常用的刀具经常要磨。

②掌握刀工操作的要领，养成良好的操作习惯，加工不同性质的原料要正确选择刀具。

③刀具使用后必须先用水将刀身上的污物清洗干净，再用清洁的抹布擦干，尤其是加工带咸味、酸味、碱性及有黏性或腥臊等异味较重的原料（如咸菜、藕、山药、鱼等）后，黏附在刀身上的

盐、酸、碱等物质容易使刀氧化变黑、生锈或腐蚀刀具，不仅降低刀具的锋利程度，还会污染所加工的原料。

④刀具使用后要挂在刀架上或收入刀具柜内，刀刃不能碰撞硬物，或存放在安全、清洁、干燥处，既卫生又可防止伤人。

⑤长时间不用的刀具，要在刀身上涂少许油，以防止其氧化、生锈。

任务检验

参考答案

一、连线题（将对应的刀具名称、图片及用途用直线连接起来）

雕刻刀		刀的部分主要用于原料的挖、刮、剖等，镊子用于夹鸡、鸭等原料上的余毛
镊子刀		专门用于蔬菜、瓜果等食品的雕刻
切刀		刀的前半部分能切无骨的动植物原料，后半部分能砍小型带骨的原料，如鸡、鸭、排骨等
砍刀	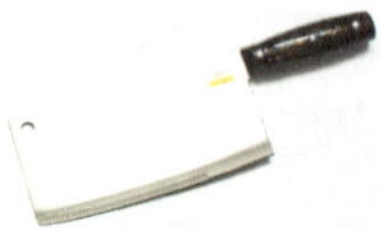	主要用于切烤熟的鸭肉
烤鸭刀		主要用于加工带骨或质地坚硬的原料
文武刀		用于切片、条、丝、块、丁、粒等，又可用于加工略带细小骨头或质地较硬的动植物原料

二、选择题（将正确答案填入对应的括号中）

1. 按刀的用途来分，可分为批（片）刀、切刀、斩刀、（　　）等。

A. 剪刀　　B. 菜刀　　C. 切肉刀　　D. 前切后斩刀

2. 不使用刀具时，应将刀具放在安全、清洁、干燥的刀架上或（　　）内，这样既能防止生锈，又能避免刀刃损伤或伤及他人。

A. 衣柜　　B. 调料柜　　C. 刀具柜　　D. 箱子

三、判断题（正确的画"√"，错误的画"×"）

1. 按刀的形状来分，如方头刀、圆口刀、马头刀、尖头刀、斧形刀等。（　　）

2. 原料切割成形是指运用刀具对烹饪原料进行切割、加工。（　　）

任务拓展

针对给定的不同种类刀具，体验刀具的使用，包括刀具的轻重、基本的握刀姿势和运刀方法，以及刀具使用后如何正确存放。请将各类刀具的使用体验简要写在下面方框内。

任务二

选择与保养砧板

任务描述

砧板又称菜墩、砧墩、墩子、墩头，是使用刀具对烹饪原料加工时的衬垫工具，它对刀工操作起着重要的辅助作用。砧板的质量影响刀工操作的顺利程度，影响原料成形的规格，进而影响菜肴成品的质量。

任务导入

近期海口市内有一家酒店正处于筹开阶段。对于行政总厨来说，一件重要事项是采购厨房设备和用具，特别是砧板。砧板的材质、规格以及质量、供货价格等，都将影响砧板的选用。此外，砧板在使用前的处理、使用中的安全性以及使用后的保养情况，也是影响砧板选用的因素。那么，选购与保养砧板需要了解哪些相关知识呢？砧板的使用方法和保养是怎样的呢？

任务目标

①了解砧板的概念以及种类。

②熟练掌握砧板的使用方法。

③掌握砧板的选择与保养方法。

④分析砧板在使用过程中和存放时可能出现的问题，并进行必要调整。

⑤树立良好的安全意识，养成良好的安全操作习惯，培养良好的职业素养。

任务实施

一、砧板的种类

砧板的种类较多，按材料分主要有木质、塑料、木质与塑料复合型3种，按形状分主要有圆形和方形两种，按所加工原料的生熟性质可分为生食砧板和熟食砧板。在现代厨房中还有用颜色区分砧板用途的，根据原料性质选择不同颜色的砧板，实现了砧板的专用化，既安全又卫生。随着科技的发展，还出现了以天然橡胶制成的无声砧板，不仅在刀工操作时噪声小，而且可避免因刀刃滑动而伤到手指，使用后还可以对折存放，既安全又实用。

1. 木质砧板 制作木质砧板通常选用木质坚实、木纹细腻、密度适中、弹性好、不损伤刀刃的木材，木材不空、不烂，无疤、无异味，截面微青且颜色均匀、无花斑，如从柳树、榆树、银杏树、橄榄树、皂角树等得到的木材。砧板一般以厚 15～25 cm、直径 30～45 cm 为宜。除了原木砧板外，加工压制的木砧板、竹砧板在厨房中也使用广泛，见图 1-14。

2. 塑料砧板 塑料砧板多由聚酯塑料制成，其优点是比较清洁，不易腐蚀；缺点是受热易变形，易老化，不宜进行斩、剁等操作，在操作过程中易产生塑料碎末，影响饮食安全，见图 1-15。

图 1-14 木质砧板

图 1-15 塑料砧板

3. 木质与塑料复合型砧板 木质与塑料复合型砧板集合了木质与塑料砧板的优点，优质耐用，适合各种烹饪原料的加工。

二、砧板使用的注意事项

①砧板的摆放要平稳牢固，以保证刀工操作过程的顺利进行，否则既增加劳动强度，又不安全。

②不能长久使用砧板的同一个位置，应均匀使用砧板的整个平面，以保持砧板磨损均匀，防止砧板平面凹凸不平，影响原料的加工质量。

③根据原料的性质选择不同材料的砧板。

④在加工带有黏液或异味的原料后，要及时刮净砧板平面，以防加工其他原料时出现滑动或串味。

三、砧板的保养

①新的木质砧板首先要进行修整刨平，然后放入盐水中浸泡数小时甚至更长时间，或放入热水中煮透，使木质收缩而紧实细密。

②砧板使用后要将表面的污物刮净，再用清水或碱水刷洗干净，竖放晾干，防止其发霉或被腐蚀。

③木质砧板忌暴晒，在气候干燥、温度较高的季节，要用淋湿砧板的方法使其保持一定湿度，防止其干裂。

④砧板使用至表面出现凹凸不平的情况时，要及时修整刨平，以保证原料加工后的质量。

参考答案

任务检验

一、选择题(将正确答案填入对应的括号中)

1. 砧板使用后应清洗干净，并(　　)案板上。

A. 平放在　　B. 倒放在　　C. 斜放在　　D. 立放在

2. 木质的砧板多用榆树、柳树和(　　)的木材制成。

A. 银杏树　　B. 泡桐树　　C. 合成板　　D. 桃树

3. 下列有关砧板的使用和保养的说法，不正确的是(　　)。

A. 砧板摆放要平稳牢固，以保证刀工操作过程的顺利进行，否则既增加劳动强度，又不安全

B. 根据原料的性质选择不同材料的砧板

C. 砧板使用后要将表面的污物刮净，再用清水或碱水刷洗干净，竖放晾干，防止其发霉

D. 淋湿的砧板要用暴晒的方法使其干燥，方便使用

二、判断题(正确的画"√"，错误的画"×")

1. 木质的新砧板在使用前应先用碱水浸泡。(　　)

2. 中餐中使用的砧板以塑料材料的最佳，既清洁又美观。(　　)

任务拓展

对新砧板进行使用前的处理，对使用较久的砧板(出现凹凸不平的情况)进行刨平处理。

Note

任务三

使用磨刀石

任务描述

为了提高原料的切割效率和成形质量，须使用刀口锋利的刀具。“工欲善其事，必先利其器”表明了磨刀的重要性。

任务导入

海南某中等职业学校开设了烹饪专业，针对烹饪操作课程的教学要求，选购了一批刀具和磨刀用具。烹饪专业某老师精心安排了一堂磨刀课，期望学生不仅学会磨刀，而且学会正确使用和保养磨刀石。磨刀石的质量、使用方法，都将关系到刀具磨后的锋利程度。所以，能够识别并选择优质磨刀石，做好磨刀石的保养等，也是一名优秀烹调师必备的基本知识与技能。那么，需要了解哪些有关磨刀石或其他磨刀用具的知识呢？磨刀的具体操作方法和要求是怎样的？

任务目标

①了解磨刀石的种类。

②掌握磨刀的技术。

③掌握磨刀的注意事项。

④针对不同材质的磨刀石应用不同的保养方法。

⑤分析磨刀石在使用过程中可能出现的问题，并进行必要调整。

⑥树立良好的安全意识，养成良好的安全操作习惯，培养良好的职业素养。

任务实施

一、磨刀石

磨刀石是磨各种烹饪刀具的用具，多呈长条形，规格、尺寸、大小不一，主要功能是通过刀具在磨刀石面上反复磨砺，使刀刃锋利、无锈、无缺口、不变形且能与砧板吻合良好，保证运刀效果，达到原料的成形要求。

按磨刀石的材料来源可分为天然磨刀石和人工磨刀石两类。

1. 天然磨刀石　天然磨刀石是用天然石料经加工而成的磨刀石，可分为两种：一种是粗磨刀石，主要成分是黄砂，颗粒较粗，质地较硬；另一种是细磨刀石，颗粒细腻，硬度适中，见图 1-16。

图 1-16　天然磨刀石

2. 人工磨刀石　人工磨刀石是用金刚砂等材料人工合成的磨刀石，质地软中带硬，有粗细之分。粗磨刀石颗粒粗，质地松而硬，常用于新刀开刃、磨斩刀或磨有缺口的刀具；细磨刀石颗粒细腻，质地坚实，能将刀具磨锋利且不伤刀口，应用最广。此外，还有将粗细磨刀石合在一起的磨刀石，即一面是粗磨刀石，另一面为细磨刀石，使用方便，见图 1-17。

图 1-17　人工磨刀石

二、磨刀技术

1. 磨刀准备　根据刀具的种类及锋利程度，合理选择磨刀石，然后将磨刀石平稳放置在高度为磨刀者身高一半的磨刀架上，以前面略低、后面略高为宜。为防止磨刀石在磨刀过程中滑动，可在磨刀石下垫一块湿布，或者将磨刀石放在专用的磨刀石架上，见图 1-18。磨刀前要先把刀身上的油污擦洗干净，在磨刀石旁放一盆清水备用，见图 1-19。

2. 磨刀姿势　磨刀时，两脚自然分开或一前一后站稳，上身微前倾，收腹，重心前移，一手握住刀柄，一手按住刀身前端，刀刃朝内，平放在磨刀石上，见图 1-20(a)。

3. 磨刀方法　在磨刀石和刀面上淋上水，将刀刃紧贴磨刀石面，刀背略翘起，使刀面与磨刀石面成一定夹角，角度的大小根据刀具的不同而有所区别，一般为 3°～5°。磨刀须按一定程序进行，先向前平推至磨刀石尽头，然后向后提拉，见图 1-20(b)。当磨刀石面起浆时，须适量淋水。刀具一面磨数次后，再磨另一面，如此反复，直至刀刃锋利。磨完后，洗净刀具上的浆水并擦干即可。

图 1-18 磨刀石架与磨刀石

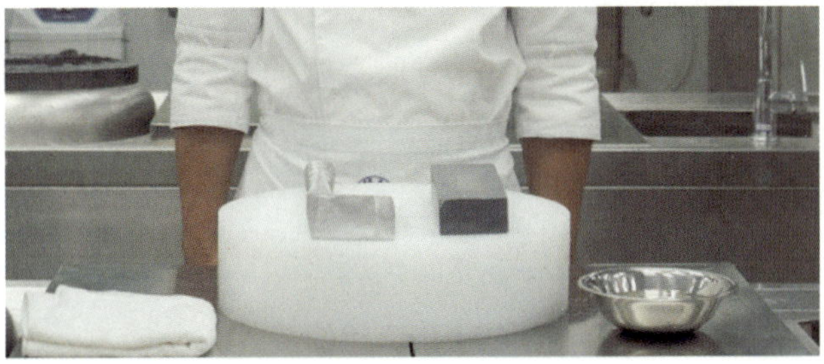

图 1-19 磨刀准备

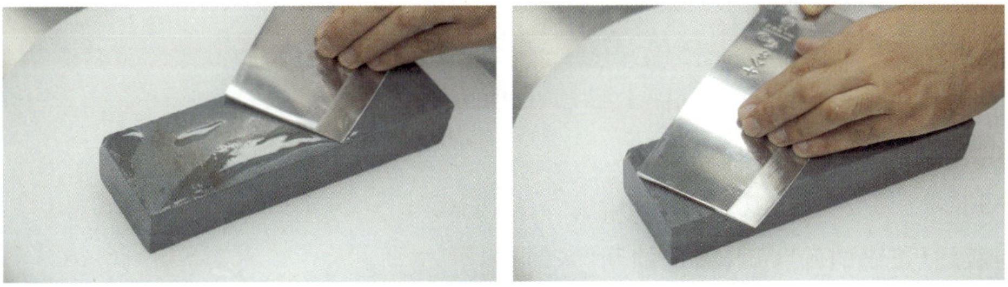

(a)　(b)

图 1-20 磨刀操作

三、磨刀注意事项

①始终保持刀面与磨刀石面的夹角不变，不可忽大忽小。

②前推后拉用力平稳、均匀一致。

③磨刀时重点放在刀锋部位，前、中、后要磨均匀。

④刀刃两面磨的次数要基本相等，才能保持刀刃平直锋利。

四、刀刃检验方法

①刀具磨好后，将刀刃朝上，直视刀刃，如果从刀刃上看不见白色的光泽，表明刀已磨锋利，否则表明刀刃不够锋利。

②用大拇指在与刀刃垂直的方向上轻刮，如感觉毛糙，表明刀刃已磨锋利。

③将刀刃轻轻地在手指甲上拉动，如有涩感，表明刀刃锋利。

④用抹布试锋，如切边整齐、刀口不移位，表明刀刃锋利。

参考答案

任务检验

一、选择题（将正确答案填入对应的括号中）

1. 在磨刀石和刀面上淋上水，将刀刃紧贴磨刀石面，刀背略翘起，使刀面与磨刀石面成一定夹角，角度的大小根据刀具的不同而有所区别，一般为（　　）。

A. 3°～5°　　B. 6°～10°　　C. 10°～15°　　D. 以上都不对

2. 下列有关磨刀技术和注意事项的说法，不正确的是（　　）。

A. 合理选择磨刀石，然后将磨刀石平稳放置在高度为磨刀者身高一半的磨刀石架上，以前面略低、后面略高为宜

B. 磨刀时，两脚自然分开或一前一后站稳，上身微前倾，收腹，重心前移，一手握住刀柄，一手按住刀身前端，刀刃朝内，平放在磨刀石上

C. 刀具只要将一面磨数次，直至刀刃锋利即可

D. 磨刀时重点放在刀锋部位，前、中、后要磨均匀

3. 磨刀是否成功可通过刀刃检验，表明刀刃锋利的具体方法有（　　）。

①将刀刃朝上，直视刀刃，从刀刃上看不见白色的光泽；

②用大拇指在与刀刃垂直的方向上轻刮，感觉毛糙；

③将刀刃轻轻地在手指甲上拉动，有涩感；

④用大拇指在与刀刃垂直的方向上轻刮，感觉光滑；

⑤用刀切抹布，切边整齐、刀口不移位。

A. ①②④⑤　　B. ①②③⑤　　C. ①③④⑤　　D. ②③④⑤

二、判断题（正确的画"√"，错误的画"×"）

1. 天然磨刀石是用天然石料经加工而成的，其中的粗磨刀石的主要成分是青砂，颗粒较粗，质地较硬。（　　）

2. 刀具磨好后，将刀刃朝上，直视刀刃，如果从刀刃上看不见白色的光泽，表明刀刃已磨锋利，否则表明刀刃不锋利。（　　）

任务拓展

准备一些常见的烹饪原料来实际体验磨后的刀具，包括基本的握刀姿势、运刀方法以及感受刀刃的锋利程度。

Note

项目二
刀法

【项目描述】

项目二

几乎所有的餐厅中所有菜肴都需要用刀具对烹饪原料进行加工处理，尤其是粤菜、琼菜等风味厨房的一些重要岗位，如砧板、凉菜、烧腊等岗位都需要频繁运用刀法对烹饪原料和半成品等进行加工。因此，对烹调师来说，掌握基本刀法进行刀工处理是必备技能。

实际厨房工作中，出品常规性、创新性等菜肴要求烹调师精通基本刀法，并不断改进并运用恰当的刀法对烹调原料和半成品加工处理，才能高效完成岗位工作。掌握基本刀法，熟练运用刀法技巧，才能提升刀法技艺，为制作美味佳肴做好铺垫。

【项目目标】

刀法也称为刀工技术，是按食用和烹调需要使用不同的刀具对烹饪原料和半成品进行适当的加工处理，将其切割成不同形状的技术。根据刀膛和砧板平面所形成的角度和运动方向，基本刀法大致可分为切法、片法、剞刀法、砍法、剁法和其他刀法 6 种。本项目将具体讨论刀法类型及其在实际厨房工作中的应用，通过本项目的学习，需掌握以下几点。

· 了解基本刀法的主要类型。

· 辨析不同刀法的优缺点。

· 阐述不同刀法的操作方法和操作要领。

· 区分不同刀法的适用原料范围。

· 熟练应用不同刀法完成烹饪原料的细加工。

· 明确刀工操作的重要性，养成良好的刀工操作习惯，树立在中餐厨房工作场所的安全意识。

· 培养学生吃苦耐劳的劳动精神，坚持不懈的钻研精神，精益求精的质量意识。

任务一

应用切法

任务描述

作为砧板主管，指导砧板厨师完成原料的选择和菜肴配菜，包括运用切法对主辅料、料头进行细加工，并做某菜品的配菜准备；确定某菜品的配菜加工操作标准与流程，案板厨师加工哪种原料，指定应完成的数量，记录操作的标准时间，并做加工成品的质量检查，确认其实际制作数量与储存方式，依需要填写原料细加工清单。在某菜品配菜的准备加工过程中，始终遵循烹饪原料加工的质量标准以及厨房安全操作规范。

任务导入

海南省某酒店为了推广琼菜，厨师长与砧板主管、餐厅经理沟通后确定某菜品的推广意向，并制订了推广计划，然后把此项工作交给了砧板主管。砧板主管组织厨房相关人员讨论，经过多次试菜及核算食品成本后确定了某菜品的配菜标准，包括主辅料、配料所运用的刀法、加工规格和重量，以及搭配的料头。

在配菜过程中，具体应用了哪些切法？具体的操作方法和要求是怎样的？

任务目标

①了解切法的概念及其分类。

②掌握直刀切、推刀切、拉刀切、推拉切和滚料切等技法在实践中的适用原料范围。

③熟练掌握不同切法中的操作方法和操作要领。

④应用不同的切法加工常见烹饪原料。

⑤分析切法操作中可能存在的问题，并进行必要调整。

⑥树立良好的安全意识，养成良好的安全操作习惯，培养良好的职业素养。

子任务一 直刀切

操作概述

直刀切是指从原料的上方垂直切下去，将原料切断的一种刀法。一般左手按稳原料，右手持刀。切时，刀竖直向下，既不向外推，也不向里拉，一刀一刀地切下去，所以又称跳切或跳刀，是学习刀法者必备的一项技能。实施直刀切操作需要关注准备工作、操作方法、操作要领、适用原料和注意事项5个方面。

今天是砧板厨师小王新到岗的第一天，他的工作任务是运用直刀切刀法切配尖椒土豆丝和黄瓜炒肉片两道菜，需要在半个小时内完成。小王应该怎样完成切配任务呢？

任务实施

1. 准备工作

（1）形象准备　着工作服、戴工作帽，做好个人卫生清洁。

（2）环境准备　检查工作环境，保障设备、设施处于正常工作状态，做好环境的清洁整理及检查工作。

（3）工具准备　根据岗位需求准备工具，为有序、高效开展工作做好准备。

（4）原料准备　根据工作任务选择足够原料，为完成任务做好准备。

2. 操作方法

①左手扶稳原料，见图2-1(a)。

②用中指第一关节弯曲处顶住刀膛，掌跟按在原料或砧板平面上，见图2-1(b)。

③右手持刀，用刀刃的中前部位对准原料被切位置，刀竖直起落将原料切断，后移的距离要根据原料成形的要求决定，见图2-1(c)。

④如此反复至切完原料为止，见图2-1(d)。

直刀切黄瓜

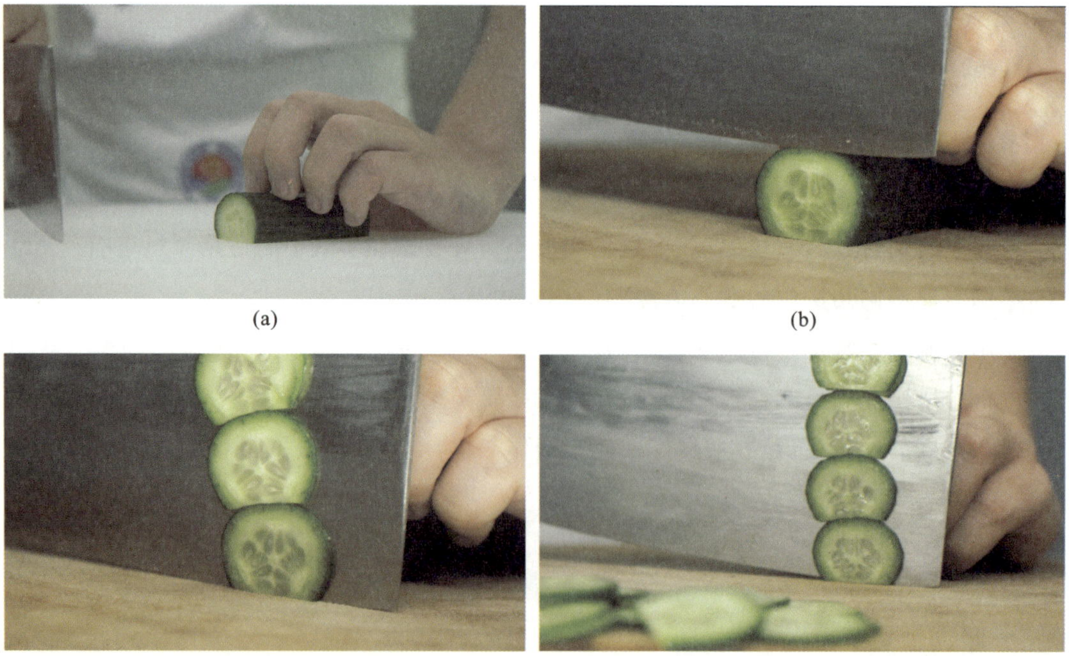

(a)　(b)

(c)　(d)

图2-1　直刀切黄瓜

3. 操作要领　按稳所切原料，左手以蟹爬式向左后方移动，刀距一致，两手密切配合，有节奏地做匀速运动。运刀时，刀身不可里外倾斜，作用点在刀刃的中前部位。所切原料不能码堆太高，如原料体积过大，应放慢运刀速度。

4. 适用原料 直刀切一般适用于加工嫩脆性的植物原料，如山药、黄瓜、萝卜、白菜、茭白、竹笋等。

5. 注意事项

①切制时扶稳原料的左手与持刀的右手应当紧密配合，快慢有序，避免切到手指。

②经过加工处理的原料，必须整齐划一，大小、厚薄均匀，没有连刀现象。

任务检验

参考答案

一、选择题（将正确答案填入对应的括号中）

1. 在使用直刀切时，应用（　　）弯曲处顶住刀膛，掌跟按在原料或砧板平面上。

A. 中指第一关节　　B. 食指第一关节

C. 拇指第一关节　　D. 中指第二关节

2. 要练好直刀切，需使所切出来的原料整齐划一、干净利落，就必须两手（　　）。

A. 交叉操作　　B. 密切配合

C. 分开操作　　D. 以上都不对

3. 直刀切的操作方法不正确的有（　　）。

A. 左手扶稳原料

B. 用中指第一关节弯曲处顶住刀膛，掌跟按在原料或砧板平面上

C. 右手持刀，用刀刃的中前部位对准原料被切位置，刀竖直起落将原料切断，后移的距离要根据原料成形的要求决定，如此反复至切完原料为止

D. 右手持刀，用刀刃的中后部位对准原料被切位置，刀垂直前推后拉将原料切断，后移的距离要根据原料成形的规格所决定，如此反复至切完原料为止

二、判断题（正确的画"√"，错误的画"×"）

1. 直刀切一般是左手按稳原料，右手操刀，将刀从原料的上方竖直切下去，将原料切断的一种刀法。（　　）

2. 常见的原料一般都可以用直刀切加工，如山药、黄瓜、大头菜、瘦肉、茭白、鱿鱼等。（　　）

任务拓展

利用课余时间练习用直刀切刀法配制一款菜品（例如，清炒土豆丝、青椒炒肉丝）。

评价标准

直刀切的操作技能评价标准见表 2-1。

表 2-1　直刀切的操作技能评价标准

姓名：　　　　　　　　学号：　　　　　　　　成绩：

序号	评价项目	评价内容	评价结果		
			自评（30%）	同学评价（30%）	教师评价（40%）
1	职业素养	着装和个人卫生符合岗位要求（10 分）			
2	安全意识	操作时按照规范要求，使用刀具和加工所需的工具（20 分）			
3	操作技能	站姿、握刀方法、左右手配合是否规范，刀法是否熟练（20 分）			
		成品是否符合标准，粗细均匀、长短一致、整齐划一（30 分）			
		出料率是否达标，完成任务是否超时（20 分）			

子任务二　推刀切

操作概述

推刀切的刀与原料垂直，刀的中前段对准原料要切的部位并向前推切下去，着力点在刀的中后部，切下去后推到底，不再向回拉，从而切断原料。实施推刀切操作需要关注准备工作、操作方法、操作要领、适用原料和注意事项 5 个方面。

五彩肉丝是一道对刀工要求很严格的传统粤菜，原料经切配后必须整体大小一致、粗细均匀，才能使炉头厨师烹调出符合出品标准的菜肴。为此，刚到酒店实习的烹饪专业的学生，应如何运用在校所学习的刀法切配原料呢？

任务实施

1. 准备工作

（1）形象准备　着工作服、戴工作帽，做好个人卫生。

（2）环境准备　检查工作环境，保障设备、设施处于正常工作状态，做好环境的清洁整理及检查工作。

（3）工具准备　根据岗位需求，准备干净的工具，为有序、高效开展工作做好准备。

（4）原料准备　根据工作任务选择足够原料，为完成任务做好准备。

2. 操作方法

①左手扶稳原料，用中指的第一关节弯曲处顶住刀膛，见图 2-2(a)。

②右手持刀，用刀刃对准原料的被切部位，刀从上至下、自右后方朝左前方推切下去，将原料切断，见图 2-2(b)、(c)。

③如此反复推切至切完原料为止，见图 2-2(d)。

3. 操作要领　左手运用指法朝左后方移动，每次移动要求刀距相等。从前刀部分推至后刀

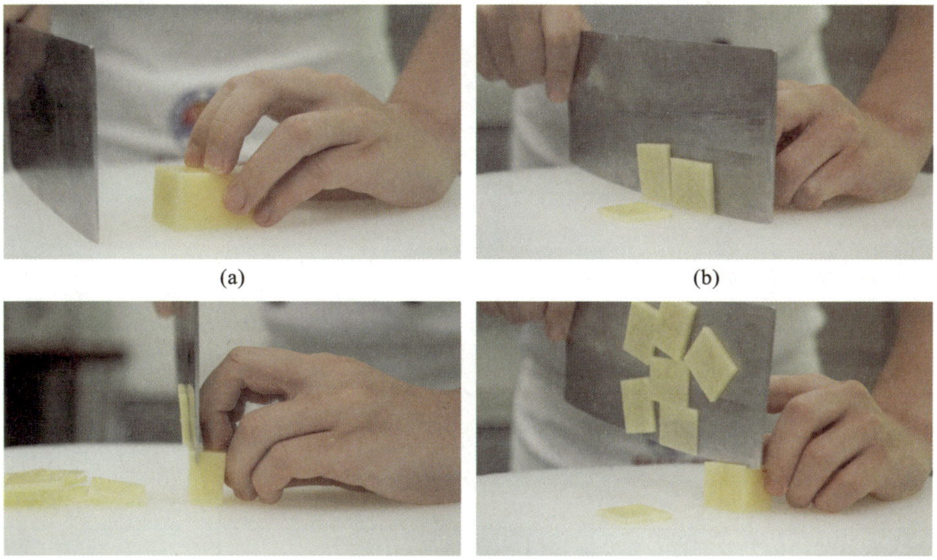

(a) (b) (c) (d)

图 2-2 推刀切土豆

推刀切土豆

部分时，刀刃需完全与砧板贴合，一刀到底，保证达到推切断料的效果。推刀切时，进刀轻柔有力，下刀刚劲，干脆利落，刀前端开片，后端断料。

4. 适用原料 此刀法适用于细嫩而有韧性的原料，如肥肉、瘦肉、火腿、大头菜、动物内脏等。

5. 注意事项

①刀体落下的同时，应立刻向前推动，否则不能将原料一次性切断，从而产生“连刀”。

②下刀时刀身偏里或偏外都会导致切出来的原料不整齐。

任务检验

参考答案

一、选择题(将正确答案填入对应的括号中)

1. 推刀切要求刀与原料垂直，刀的(　　)对准原料要切的部位并向前推切下去，着力点在刀的中后部，切下去推到底，不再向回拉，使原料切断。

A. 前段　　B. 中前段　　C. 中后段　　D. 后段

2. 推刀切适用于加工细嫩而有韧性的原料，比如(　　)等原料。

①肥肉　②黄瓜　③火腿　④竹笋　⑤猪肾

A. ①②③④⑤　　B. ①②⑤　　C. ①③⑤　　D. ②④

3. 推刀切的操作要领不正确的有(　　)。

A. 左手运用指法朝左后方移动，每次移动要求刀距相等

B. 左手运用指法朝右后方移动，每次移动的刀距可以不相等

C. 从前刀部分推至后刀部分时，刀刃需完全与砧板贴合，一刀到底，保证达到推切断料的效果

D. 推刀切时，进刀轻柔有力，下刀刚劲，干脆利落，刀前端开片，后端断料

二、判断题(正确的画“√”，错误的画“×”)

1. 只有通过反复练习，才能熟练地掌握推刀切的操作方法和技巧。(　　)

Note

2. 推刀切时，即使下刀时刀身偏里或偏外，也不会导致切出来的原料不整齐。（　）

任务拓展

利用加工剩余的边角料多练习推刀切的操作技能，从而提高整体操作水平。

评价标准

推刀切的操作技能评价标准见表 2-2。

表 2-2　推刀切的操作技能评价标准

姓名：　　　　学号：　　　　成绩：

序号	评价项目	评价内容	评价结果		
			自评（30%）	同学评价（30%）	教师评价（40%）
1	职业素养	着装和个人卫生符合岗位要求（10 分）			
2	安全意识	操作时按照规范要求，使用刀具和加工所需的工具（20 分）			
3	操作技能	站姿、握刀方法、左右手配合是否规范，刀法是否熟练（20 分）			
		成品是否符合标准，粗细均匀、长短一致、整齐划一（30 分）			
		出料率是否达标，完成任务是否超时（20 分）			

子任务三　拉刀切

操作概述

拉刀切是指用刀刃的中前端对准原料被切的部位向后拉动，着力向下将原料切断的一种刀法。实施拉刀切操作需要关注准备工作、操作方法、操作要领、适用原料和注意事项 5 个方面。

为了能够参加一场烹饪专业冷盘技能比赛，小张应如何在短时间内练习拉刀切，并制作出刀工细腻的冷拼作品？

任务实施

1. 准备工作

（1）形象准备　着工作服、戴工作帽，做好个人卫生。

（2）环境准备　检查工作环境，保障设备、设施处于正常工作状态，做好环境的清洁整理及检查工作。

（3）工具准备　根据岗位需求，准备干净的工具，为有序、高效开展工作做好准备。

（4）原料准备　根据工作任务选择足够原料，为完成任务做好准备。

2. 操作方法

①左手扶稳原料，用中指第一关节弯曲处顶住刀膛，右手持刀，用刀刃的中前部位对准原料

被切部位，见图 2-3(a)。

②由前端向后方拉刀，用力将原料拉切断开，见图 2-3(b)。

③用刀的前端切断原料，操作时左手以蟹爬式向后移动，与刀相互配合，控制好原料的拉片间距，见图 2-3(c)。

拉刀切莴笋

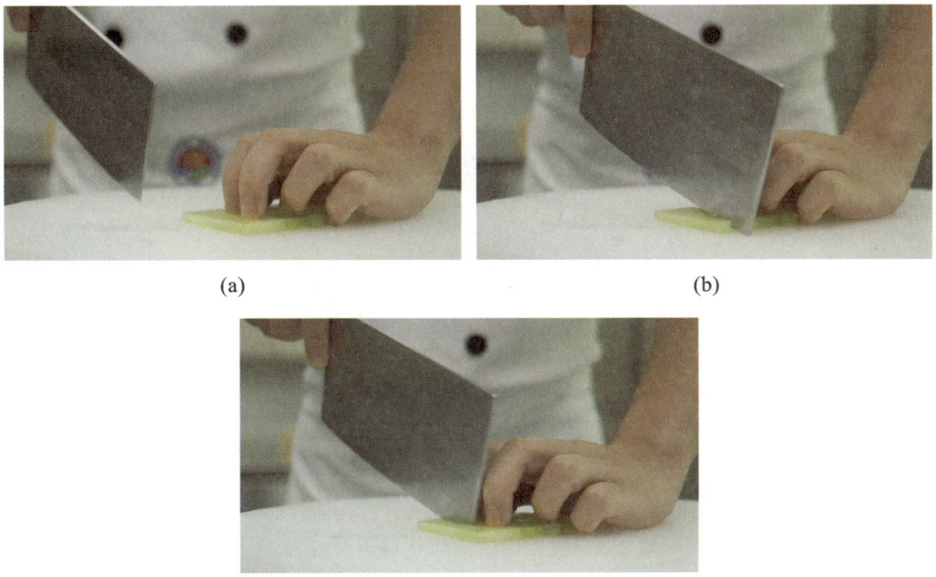

(a) (b) (c)

图 2-3 拉刀切莴笋

④如此反复拉切，直至切完原料为止。

3. 操作要领 拉切时，进刀时轻轻向前推切一下，再顺势向后下方一拉到底，即“虚推实拉”。运刀时通过手腕的摆动，使刀在原料上产生一个弧度，从而加大刀的运行距离，避免连刀现象；用力要充分，彻底将原料拉切断开。

4. 适用范围 该刀法适用于体积薄小、质地细嫩的原料，如鸡胸脯肉、瘦肉、牛肉、羊肉、鱿鱼等。

5. 注意事项

①刀向前推的力过大、过猛和未扶稳原料使其冲出容易出现空刀。

②刀刃无法在落刀的位置往回拉或往后拉的力不大，没有一次拉断原料，因而反复拉切，造成断口不光滑、形状不整齐等。

任务检验

参考答案

一、选择题(将正确答案填入对应的括号中)

1. 拉切时用力要充分，彻底将原料(　　)断开。

A. 推切　　B. 拉切　　C. 直刀切　　D. 以上都不对

2. 日常生活中切制(　　)原料时，常会用到拉刀切。

①鸡胸脯肉　②黄瓜　③肥肉　④牛肉　⑤鱿鱼

A. ①②③④⑤　　B. ①②④⑤　　C. ①③⑤　　D. ②④⑤

3. 下列有关实施拉刀切的说法中不正确的是(　　)。

A. 拉刀切的操作方法要求由前端向后方拉刀用力将原料拉切断开

B. 拉刀切操作时左手以蟹爬状向后移动，与刀相互配合，控制好原料的拉片间距

C. 拉刀切的刀法适用于体积薄小、质地细嫩的原料

D. 刀向前推的力过大、过猛和未扶稳原料使其冲出并不容易出现空刀

二、判断题(正确的画“√”，错误的画“×”)

1. 拉刀切对刀刃的锋利程度要求不高，只需掌握操作方法即可。　(　　)

2. 拉刀切时，运刀时通过手腕的摆动，使刀在原料上产生一个弧度，从而加大刀的运行距离，避免连刀现象。　(　　)

任务拓展

运用拉刀切配制白萝卜、胡萝卜等原料。

评价标准

拉刀切的操作技能评价标准见表 2-3。

表 2-3　拉刀切的操作技能评价标准

姓名：　　　　学号：　　　　成绩：

序号	评价项目	评价内容	评价结果		
			自评（30%）	同学评价（30%）	教师评价（40%）
1	职业素养	着装和个人卫生符合岗位要求(10 分)			
2	安全意识	操作时按照规范要求，使用刀具和加工所需的工具(20 分)			
3	操作技能	站姿、握刀方法、左右手配合是否规范，刀法是否熟练(20 分)			
		成品是否符合标准，粗细均匀、长短一致、整齐划一(30 分)			
		出料率是否达标，完成任务是否超时(20 分)			

子任务四　推拉切

操作概述

推拉切是指刀刃、原料和砧板垂直，刀的中前端对准原料被切部位，先用力向前推切再向后拉，从而切断原料的一种刀法，即将前面学习的推刀切和拉刀切相互结合，就形成了推拉切。实施推拉切操作需要关注准备工作、操作方法、操作要领、适用原料和注意事项 5 个方面。

酒店专门切配牛羊肉类的砧板厨师小张，接到一份客人点的涮火锅的牛肉片，厨师长要求他切薄一点，他应该如何运用推拉切的刀法切出厚薄均匀的牛肉片呢？

任务实施

1. 准备工作

(1)形象准备　着工作服、戴工作帽,做好个人卫生。

(2)环境准备　检查工作环境,保障设备、设施处于正常工作状态,做好环境的清洁整理及检查工作。

(3)工具准备　根据岗位需求,准备干净的工具,为有序、高效开展工作做好准备。

(4)原料准备　根据工作任务选择足够原料,为完成任务做好准备。

2. 操作方法

①左手扶稳原料,右手持刀,见图 2-4(a)。

②先用推刀切的刀法,将刀切入原料深处,见图 2-4(b)。

③再运用拉刀切的方法,将原料断开,见图 2-4(c)。

④如此将推刀切和拉刀切结合起来,反复推、拉刀切,直至切完原料为止,见图 2-4(d)。

推拉切猪肉

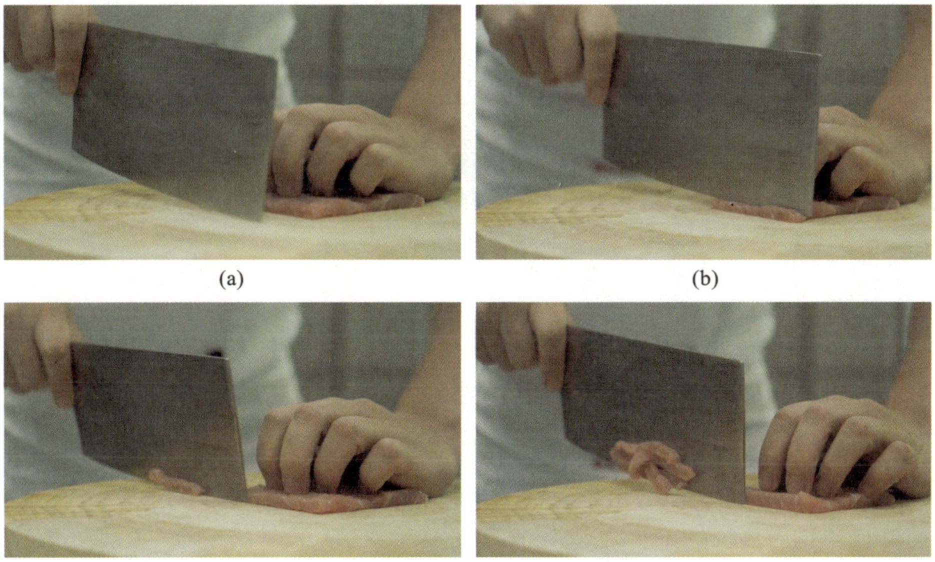

(a)　(b)

(c)　(d)

图 2-4　推拉切猪肉

3. 操作要领　操作时,一般要求以推刀切断开或快断开原料时,才做拉刀切,用力要充分,动作要连贯。前后推拉时刀要保持直立,不能摇摆不定。

4. 适用原料　这种刀法效率较高,主要应用于韧性较大或松软易碎的熟料,如带筋的瘦肉、热处理过的肉、熟火腿、面包等。

5. 注意事项

①先推刀切断开或快断开原料时,才做拉刀切,用力要充分,动作要连贯、一气呵成。

②左手要将原料扶稳,右手下刀的时候应快、准、狠,如让原料滑动,容易切伤手指。

参考答案

任务检验

一、选择题（将正确答案填入对应的括号中）

1. 推拉切是（　　）两种刀法的相互结合，用途广泛，是烹饪学习者必备的刀工技能。

A. 推刀切和拉刀切　　B. 直刀切和拉刀切

C. 推刀切和直刀切　　D. 以上都不对

2. 推拉切适用于韧性较大或松软易碎的熟料，如（　　）等。

①带筋的瘦肉　②热处理过的肉　③熟火腿　④面包

A. ①②③④　　B. ①②　　C. ①③　　D. ②④

3. 下列关于推拉切的操作说法不正确的是（　　）。

A. 运用推拉切时，先用拉刀切的刀法，将刀切入原料深处

B. 操作时，一般要求以推刀切断开或快断开原料时，才做拉刀切

C. 前后推拉时刀要保持直立，不能摇摆不定

D. 操作时，用力要充分，动作要连贯、一气呵成

二、判断题（正确的画"√"，错误的画"×"）

1. 在生活中切制肉类时最常用到的就是推拉切刀法，适用于韧性较大或松软易碎的原料。（　　）

2. 推拉切时，左手将原料扶稳，右手下刀的时候应快、准、狠，如让原料滑动，容易切伤手指。（　　）

任务拓展

利用肉类和带有韧性的植物原料，多练习推拉切刀法。

评价标准

推拉切的操作技能评价标准见表 2-4。

表 2-4　推拉切的操作技能评价标准

姓名：　　学号：　　成绩：

序号	评价项目	评价内容	评价结果		
			自评（30%）	同学评价（30%）	教师评价（40%）
1	职业素养	着装和个人卫生符合岗位要求（10 分）			
2	安全意识	操作时按照规范要求，使用刀具和加工所需的工具（20 分）			
3	操作技能	站姿、握刀方法、左右手配合是否规范，刀法是否熟练（20 分）			
		成品是否符合标准，粗细均匀、长短一致、整齐划一（30 分）			
		出料率是否达标，完成任务是否超时（20 分）			

Note

子任务五 滚料切

操作概述

滚料切是指刀刃与原料或砧板垂直，掌握好刀和原料的角度，对准原料的斜角切下，每切一刀就将原料滚动至另一面再下刀切，直至循环切完原料的一种刀法，切好的原料呈现出三面的块状。实施滚料切操作需要关注准备工作、操作方法、操作要领、适用原料和注意事项 5 个方面。

今天酒店需要推广热门的红烧类菜肴，需对胡萝卜、土豆和莴笋原料加工，砧板厨师小张应运用什么刀法将原料切成符合要求的块状原料呢？

任务实施

1. 准备工作

(1)形象准备　着工作服、戴工作帽，做好个人卫生。

(2)环境准备　检查工作环境，保障设备、设施处于正常工作状态，做好环境的清洁整理及检查工作。

(3)工具准备　根据岗位需求，准备干净的工具，为有序、高效开展工作做好准备。

(4)原料准备　根据工作任务选择足够原料，为完成任务做好准备。

2. 操作方法

①左手扶稳原料，用中指第一关节弯曲处顶住刀膛，原料要与刀保持一定的角度，见图 2-5(a)。

②右手持刀，用刀刃对准原料被切部位，运用推刀切或直刀切的方法，将原料切断，见图 2-5(b)。

③每切完一刀后，便将原料滚动一次，再做推刀切或直刀切，见图 2-5(c)。

④如此反复进行，直至切完原料为止，见图 2-5(d)。

3. 操作要领　双手动作要协调，双眼看准滚料切的部位，每切一刀后，便把原料滚动一次，每次滚动的角度要一致，使加工后的原料形状均匀一致。

4. 适用原料　此刀法主要适用于质地脆嫩、体积较小的圆柱形植物原料，如胡萝卜、土豆、山药、莴笋、芋头等。

5. 注意事项　按照特定的斜度切下去，并且每切一刀滚动一次，没有按同一角度切，容易切出形态不一致的原料。

滚料切胡萝卜

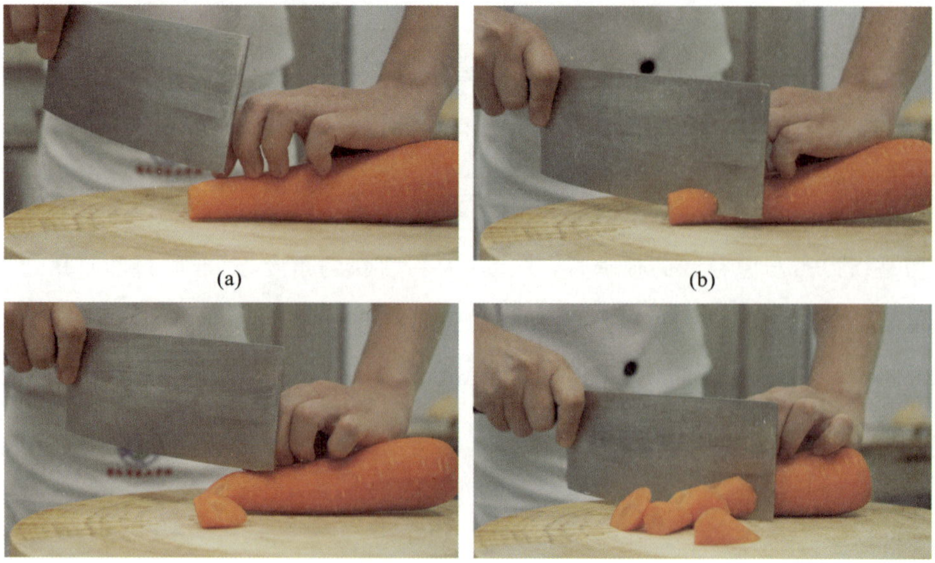

(a) (b) (c) (d)

图 2-5 滚料切胡萝卜

参考答案

任务检验

一、选择题（将正确答案填入对应的括号中）

1. 滚料切要求左手扶稳原料，用（　　）弯曲处顶住刀膛，原料要与刀保持一定的角度。

A. 食指第一关节　　B. 食指第二关节

C. 中指第一关节　　D. 中指第二关节

2. 滚料切适用于质地脆嫩、体积较小的圆柱形植物原料，如（　　）等。

①胡萝卜　②土豆　③山药　④莴笋　⑤肥肉

A. ①②③④　B. ①②⑤　C. ①③⑤　D. ②④⑤

3. 滚料切的操作要领有（　　）。

①双手的动作要协调

②双眼看准滚料切的部位

③每切一刀后，便把原料滚动一次

④每次滚动的角度要一致，做到加工后原料形状均匀一致

A. ①②③④　B. ①②③　C. ①③④　D. ②③④

二、判断题（正确的画“√”，错误的画“×”）

1. 滚料切时如果没有按同一角度切，容易切出形态不一致的原料。（　　）

2. 滚料切只适用于加工圆柱形的原料。（　　）

任务拓展

平时可以用圆柱形的物体或木棍进行转动空切练习，掌握规律后可以在原料上进行操作。

Note

评价标准

滚料切的操作技能评价标准见表 2-5。

表 2-5 滚料切的操作技能评价标准

姓名： 学号： 成绩：

序号	评价项目	评价内容	评价结果		
			自评（30%）	同学评价（30%）	教师评价（40%）
1	职业素养	着装和个人卫生符合岗位要求（10 分）			
2	安全意识	操作时按照规范要求，使用刀具和加工所需的工具（20 分）			
3	操作技能	站姿、握刀方法、左右手配合是否规范，刀法是否熟练（20 分）			
		成品是否符合标准，粗细均匀、长短一致、整齐划一（30 分）			
		出料率是否达标，完成任务是否超时（20 分）			

任务二

应用片法

任务描述

对于一名砧板厨师来说，刀工是很重要的。好的厨艺需要精致的刀工衬托，精致的刀工更需要精湛的厨艺展现。刀工最基本的要求就是不论加工后原料的形状如何，条与条之间、块与块之间都不能相连，不允许出现肉断筋不断或似断非断的现象。

有一种刀法称平刀法，又称片法，是指刀身与砧板表面平行，刀刃运动将原料片开。由于烹饪原料的性质各不相同，在加工原料时行刀方向也存在差异，所以片法又可分为平刀直片、平刀推片、平刀拉片、平刀推拉片、平刀滚料片 5 类。

任务导入

海南省某区举办美食节活动，该区的知名酒店也积极参与这项活动。为推广海南省本地美食，弘扬琼菜文化，行政总厨、中餐厨师长、餐厅总监等管理者明确活动主题后，经多次沟通确定了此次美食节活动的推广计划，并把此项工作交给了中餐厨师长负责。中餐厨师长组织厨房相关人员就美食节活动主题展示的细节展开讨论，决定呈现一个作品“出海丰收”，展示渔民撒网捕鱼丰收的景象。那么，在制作“渔网”时，具体应用了哪些片法呢？具体的操作方法和要求是怎样的呢？

任务目标

①了解片法的概念及其分类。

②掌握平刀直片、平刀推片、平刀拉片、平刀推拉片、平刀滚料片技法在实践中的适用范围。

③熟练掌握片法中的不同刀法的操作方法和操作要领。

④应用不同的片法加工常见烹饪原料。

⑤分析片法操作中可能存在的问题，并进行必要更正。

⑥树立良好的安全意识，养成良好的安全操作习惯，培养良好的职业素养。

⑦引导学生形成高尚情操，培养崇高职业道德。

子任务一 平刀直片

操作概述

平刀直片指操作时刀膛与砧板表面平行，刀做水平直线运动，将原料一层层地片开的一种刀法，这种刀法主要是将原料加工成片的形状。在此基础上，再运用其他刀法将其加工成丁、粒、丝、条、段等形状。实施平刀直片操作需要关注准备工作、操作方法、操作要领、适用原料和注意事项 5 个方面。

为了学习更多不同烹饪刀法，小张运用平刀直片的刀法去处理今天自己岗位需要处理的豆制品原料，他应如何切制出符合要求的原料呢？

任务实施

1. 准备工作

（1）形象准备　着工作服、戴工作帽，做好个人卫生。

（2）环境准备　检查工作环境，保障设备、设施处于正常工作状态，做好环境的清洁整理及检查工作。

（3）工具准备　根据岗位需求，准备干净的工具，为有序、高效开展工作做好准备。

（4）原料准备　根据工作任务选择足够原料，为完成任务做好准备。

2. 操作方法

①将原料放置于砧板表面里侧，左手伸直，扶按原料，手掌和小指外侧支撑于砧板表面；右手持刀，刀身端平，对准原料上端要片的位置，见图 2-6(a)。

②刀从右向左做水平直线运行，将原料片断。然后左手食指、中指、无名指微弓，并带动已片下的原料向左侧移动，与下面的原料错开 5～10 mm，见图 2-6(b)。

③重复上述操作，使片断的原料片片重叠，呈梯形。

平刀直片豆腐

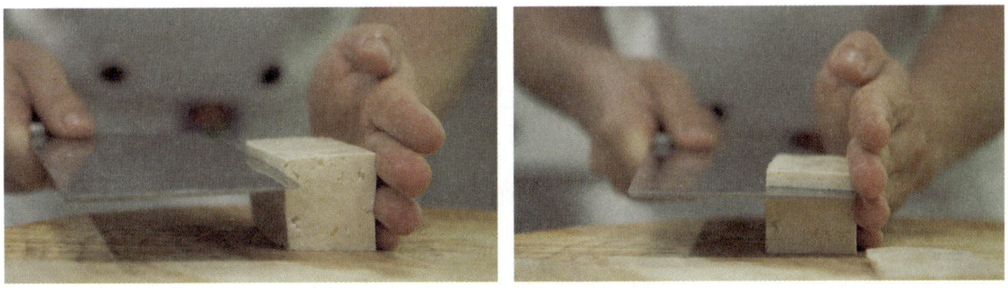

(a)　(b)

图 2-6　平刀直片豆腐

3. 操作要领　刀身要端平，片原料时保持水平直线运动，不可忽高忽低。运刀时，下力要小，以免将原料挤压变形。刀膛要紧紧贴住原料从右向左运行，使片下的原料形状均匀一致。

4. 适用原料　适用于加工脆性原料、较软的固体原料等，如豆腐、土豆、黄瓜、胡萝卜、莴笋、

Note

冬笋、猪血、鸭血等。

5. 注意事项 两手的配合不协调，随意改变下刀的角度和后退的距离，会使片下来的原料大小不整齐、厚薄不均匀等。

参考答案

任务检验

一、选择题（将正确答案填入对应的括号中）

1.（　　）是指操作时刀膛与砧板表面平行，刀做水平直线运动，将原料一层层地片开的一种刀法。

A. 直刀切　　B. 拉刀切　　C. 平刀直片　　D. 滚刀切

2. 平刀直片主要适用于加工（　　）等原料。

①胡萝卜　②土豆　③豆腐　④莴笋　⑤猪血

A. ①②③④⑤　　B. ①②③⑤　　C. ①③④⑤　　D. ②③④⑤

3. 下列有关平刀直片的说法不正确的是（　　）。

A. 将原料放置于砧板表面里侧，左手伸直，扶按原料，手掌和小指外侧支撑于砧板表面

B. 刀身要端平，片原料时保持水平直线运动，不可忽高忽低

C. 适用于加工脆性原料、较软的固体原料

D. 即使两手的配合不协调，随意改变下刀的斜度和后退的距离，片下来的原料也不会出现大小不整齐、厚薄不均匀等情况

二、判断题（正确的画“√”，错误的画“×”）

1. 运用平刀直片的刀法加工原料成片后，可再运用其他刀法将其加工成丁、粒、丝、条等形状。（　　）

2. 在运用平刀直片操作时，当刀刃向下或向上运动时，片制出来的原料会出现不规整或上薄下厚的情况。（　　）

任务拓展

平时生活中可以选择一些质地较软的原料练习平刀直片。

评价标准

平刀直片的操作技能评价标准见表 2-6。

表 2-6　平刀直片的操作技能评价标准

姓名：　　　　学号：　　　　成绩：

序号	评价项目	评价内容	评价结果		
			自评（30%）	同学评价（30%）	教师评价（40%）
1	职业素养	着装和个人卫生符合岗位要求（10 分）			
2	安全意识	操作时按照规范要求，使用刀具和加工所需的工具（20 分）			

Note

续表

序号	评价项目	评价内容	评价结果		
			自评（30%）	同学评价（30%）	教师评价（40%）
3	操作技能	站姿、握刀方法、左右手配合是否规范，刀法是否熟练（20分）			
		成品是否符合标准，厚薄均匀、大小一致、整齐划一（30分）			
		出料率是否达标，完成任务是否超时（20分）			

子任务二 平刀推片

操作概述

平刀推片是指刀身与砧板表面保持平行，刀刃切入原料后，刀刃向左前方平行推进将原料片断的一种刀法。在此基础上，再运用其他刀法，可将原料加工成丁、粒、丝、条等形状。实施平刀推片操作需要关注准备工作、操作方法、操作要领、适用原料和注意事项5个方面。

为了学习更多烹饪刀法，小张运用平刀推片的刀法去处理今天自己岗位需要处理的萝卜一类原料，他应如何片制出符合规格的原料呢？

任务实施

1. 准备工作

（1）形象准备　着工作服、戴工作帽，做好个人卫生。

（2）环境准备　检查工作环境，保障设备、设施处于正常工作状态，做好环境的清洁整理及检查工作。

（3）工具准备　根据岗位需求，准备干净的工具，为有序、高效开展工作做好准备。

（4）原料准备　根据工作任务选择足够原料，为完成任务做好准备。

2. 操作方法

①将原料放置于砧板表面里侧，左手扶按原料，右手持刀，用刀刃的中前部对准原料上端要片的位置，见图2-7(a)。

②刀从右后方向左前方运动，片进原料。原料片开之后，用手按住原料，使刀水平运动至原料右端，见图2-7(b)。

③原料片断后，松开手指，将刀从原料上移开，脱离原料，再将片下来的刀面上的原料用手指移到砧板表面，随即将左手移回（手背向上），食指按扶原料上部，继续用刀片原料，将片下的原料移到砧板表面，如此反复推片，见图2-7(c)。

3. 操作要领　刀要端平，向刀膛加力压贴原料，从始至终动作要连贯紧凑。随着刀的推进，左手的手指应稍翘起。若一刀未将原料片开，可连续推片，直至将原料片开为止。

平刀推片
胡萝卜

(a)

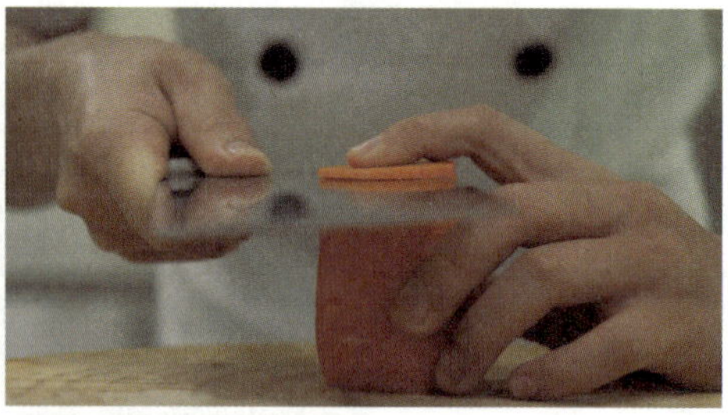
(b)

(c)

图 2-7　平刀推片胡萝卜

4. 适用原料　此刀法适用于加工韧性较弱和较嫩的原料，如通脊肉、胡萝卜、鸡胸肉、竹笋、茭白等。

5. 注意事项

①刀平稳对准原料，推片的时候力度要均匀，若刀身上下倾斜，则容易使片出来的原料厚薄不均匀。

②避免运刀不稳或推片用力过大划伤手指。

参考答案

任务检验

一、选择题(将正确答案填入对应的括号中)

1. 使用平刀推片时，刀身应保持(　　)，才能片出厚薄一致的原料。

A. 刀尖高、刀根低　　B. 刀尖低、刀根高

C. 水平状态　　D. 以上都不对

2. 平刀推片适用于加工韧性较弱和较嫩的原料，如(　　)等。

①胡萝卜　②土豆　③豆腐　④莴笋　⑤通脊肉

A. ①②④⑤　　B. ①②③⑤　　C. ①③④⑤　　D. ②③④⑤

3. 下列有关平刀推片的说法不正确的是(　　)。

A. 左手扶按原料，右手持刀，用刀刃的中前端对准原料上端要片的位置

B. 刀身要端平，保持水平直线片原料，不可忽高忽低

C. 刀平稳对准原料，推片时力度要越大越好，否则片出来的原料厚薄不均匀

D. 平刀推片要避免运刀不稳或推片用力过大划伤手指

二、判断题(正确的画"√"，错误的画"×")

1. 在使用平刀推片时要端平运刀，避免由于刀身的倾斜而切到手指。　(　　)

Note

2. 刀要端平，向刀膛加力压贴原料，从始至终动作要连贯紧凑。 （ ）

任务拓展

除了平时针对性练习外，还可以对需要切片或者切丝的原料，运用平刀推片的刀法进行练习。

评价标准

平刀推片的操作技能评价标准见表 2-7。

表 2-7 平刀推片的操作技能评价标准

姓名： 学号： 成绩：

序号	评价项目	评价内容	评价结果		
			自评（30%）	同学评价（30%）	教师评价（40%）
1	职业素养	着装和个人卫生符合岗位要求（10 分）			
2	安全意识	操作时按照规范要求，使用刀具和加工所需的工具（20 分）			
3	操作技能	站姿、握刀方法、左右手配合是否规范，刀法是否熟练（20 分）			
		成品是否符合标准，厚薄均匀、大小一致、整齐划一（30 分）			
		出料率是否达标，完成任务是否超时（20 分）			

子任务三 平刀拉片

操作概述

平刀拉片是指用刀的中前部位片进原料，然后向右后方平行拉动，将原料一层一层片断的一种刀法。实施平刀拉片操作需要关注准备工作、操作方法、操作要领、适用原料和注意事项 5 个方面。

任务实施

1. 准备工作

（1）形象准备 着工作服、戴工作帽，做好个人卫生。

（2）环境准备 检查工作环境，保障设备、设施处于正常工作状态，做好环境的清洁整理及检查工作。

（3）工具准备 根据岗位需求，准备干净的工具，为有序、高效开展工作做好准备。

（4）原料准备 根据工作任务选择足够原料，为完成任务做好准备。

2. 操作方法

①原料放置于砧板表面右侧，用刀刃的前部对准原料要片的位置，见图 2-8(a)。

②从上前方向下后方运刀，用力将原料片开，见图 2-8(b)、(c)。

Note

③刀膛贴住片开的原料，继续向下后方运行至原料一端，随即用刀前端挑起片下的原料一端，见图 2-8(d)。

④如此反复拉片至片完原料，见图 2-8(e)。

平刀拉片莴笋

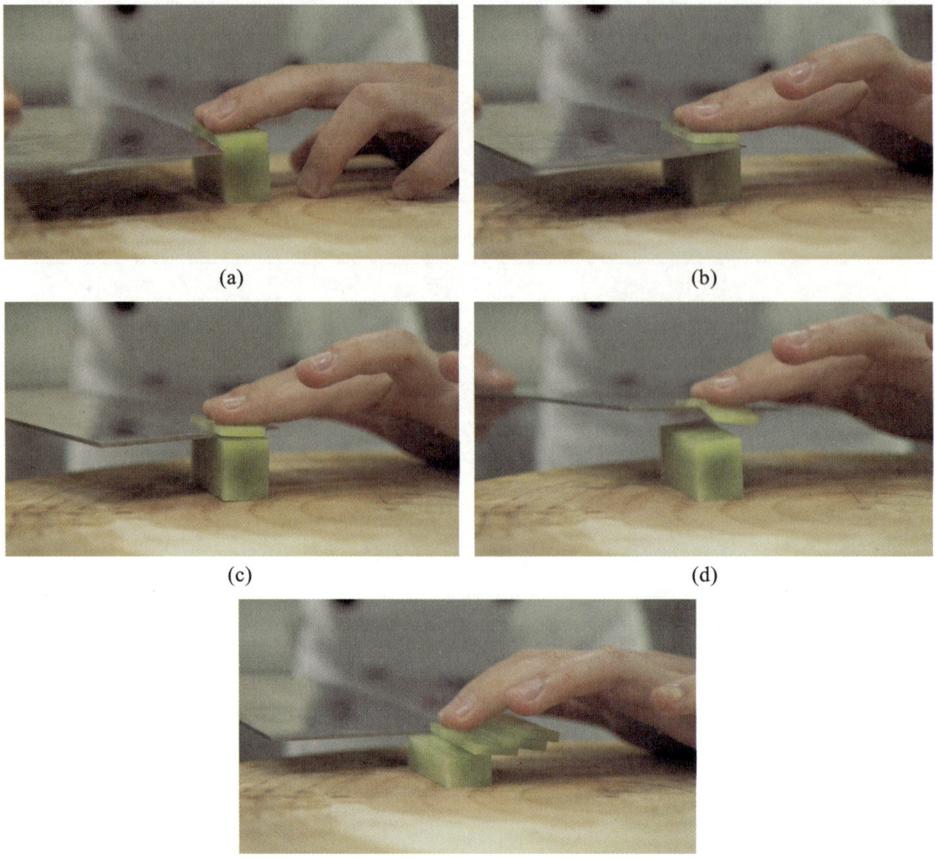

(a) (b) (c) (d) (e)

图 2-8 平刀拉片莴笋

3. 操作要领 原料要扶稳，防止滑动，运刀时力度要适当。若原料未被一刀片开，可连续拉片，直至将原料完全片开为止。

4. 适用原料 此刀法适用于体积较小、脆嫩或细嫩的动植物原料，如莴笋、萝卜、蘑菇、猪肾、猪胃、鱼肉等。

5. 注意事项 平刀拉片的时候，应充分利用中前部位锋利的刀刃。

参考答案

任务检验

一、选择题(将正确答案填入对应的括号中)

1. 平刀拉片时，原料放置于砧板表面右侧，用刀刃的(　　)对准原料要片的位置。

A. 前部　　B. 中部　　C. 后部　　D. 以上都不对

2. 平刀拉片适用于加工的原料有(　　)等。

①萝卜　②蘑菇　③豆腐　④猪肾　⑤鱼肉

A. ①②④⑤　　B. ①②③⑤　　C. ①③④⑤　　D. ②③④⑤

Note

3. 下列有关平刀拉片的说法正确的是(　　)。

A. 操作中用左手拿起片下的原料，放置于砧板表面左侧，再用刀前端压住原料一端将原料抻平，并用左手按住原料，手指分开使原料贴在砧板表面

B. 原料要扶稳，防止滑动，运刀时力度要适当

C. 刀平稳对准原料，拉片时力度越大越好，否则片出来的原料厚薄不均匀

D. 平刀拉片的时候应充分利用中部锋利的刀刃

二、判断题(正确的画"√"，错误的画"×")

1. 平刀拉片对刀刃的要求和下刀的力度要求非常高，只有这样才能片出符合标准的原料。(　　)

2. 平刀拉片这一刀法适用于体积较小、脆嫩或细嫩的动植物原料。(　　)

任务拓展

用平刀拉片的操作方法，为凉拌海蜇皮进行加工配制。

评价标准

平刀拉片的操作技能评价标准见表 2-8。

表 2-8　平刀拉片的操作技能评价标准

姓名：　　　　学号：　　　　成绩：

序号	评价项目	评价内容	评价结果		
			自评(30%)	同学评价(30%)	教师评价(40%)
1	职业素养	着装和个人卫生符合岗位要求(10 分)			
2	安全意识	操作时按照规范要求，使用刀具和加工所需的工具(20 分)			
3	操作技能	站姿、握刀方法、左右手配合是否规范，刀法是否熟练(20 分)			
		成品是否符合标准，厚薄均匀、大小一致、整齐划一(30 分)			
		出料率是否达标，完成任务是否超时(20 分)			

子任务四　平刀推拉片

操作概述

平刀推拉片是指将平刀推片和平刀拉片结合起来，将刀刃切入原料后，用推拉的动作将原料片断的一种刀法，整个过程如拉锯一般。正确地使用平刀推拉片，将原料加工成丁、粒、丝、条等符合烹调要求的不同形状的料形。实施平刀推拉片操作需要关注准备工作、操作方法、操作要领、适用原料和注意事项 5 个方面。

Note

任务实施

1. 准备工作

（1）形象准备　着工作服、戴工作帽，做好个人卫生。

（2）环境准备　检查工作环境，保障设备、设施处于正常工作状态，做好环境的清洁整理及检查工作。

（3）工具准备　根据岗位需求，准备干净的工具，为有序、高效开展工作做好准备。

（4）原料准备　根据工作任务选择足够原料，为完成任务做好准备。

2. 操作方法

①先将原料放置于砧板表面右侧，左手扶稳原料，右手持刀，端平，见图 2-9(a)。

②先运用推刀片的刀法，使刀片进原料，然后运用拉刀片的方法继续片，将推刀片和拉刀片两种刀法连贯起来，反复推拉片，直至将原料片断为止，见图 2-9(b)。

③用左手拿起片下的原料，放置于砧板表面左侧，再用刀前端压住原料一端将原料抻平。

④继续用左手按住原料，手指并拢按压原料，使原料贴在砧板表面，见图 2-9(c)。

⑤如此反复推拉片至片完原料为止，见图 2-9(d)。

平刀推拉片瘦猪肉

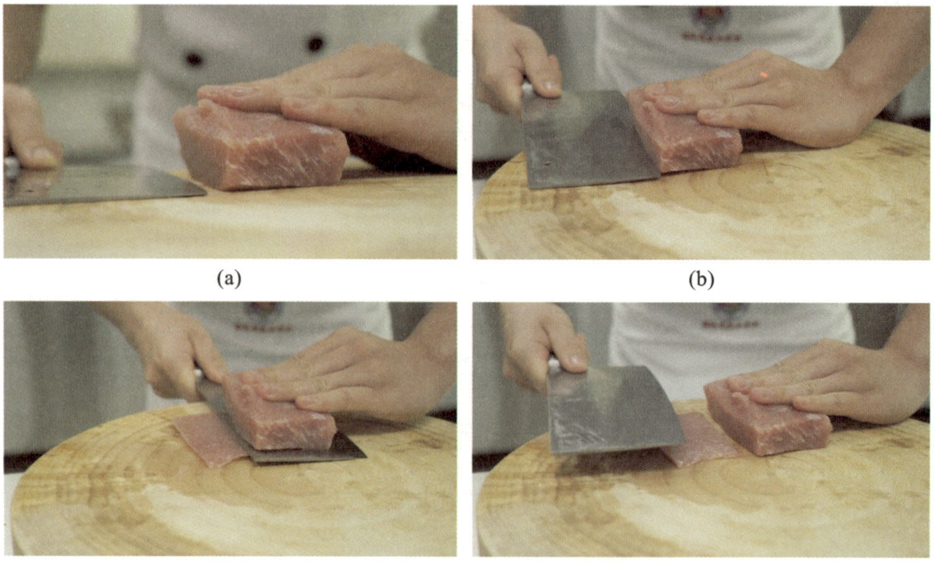

(a) (b) (c) (d)

图 2-9　平刀推拉片瘦猪肉

3. 操作要领　刀要端平，向刀膛加力压贴原料，从始至终动作要连贯紧凑。随着刀的推进，左手的手指应稍微翘起。若一刀未将原料片断，可连续推拉刀，直至将原料片断。

4. 适用原料　此刀法适用于体积较大、韧性强、筋膜较多的原料，如牛肉、猪肉等。

5. 注意事项　右手运刀要充分有力，动作要连贯、协调、自然，否则原料滑动易使手受伤。

任务检验

一、选择题（将正确答案填入对应的括号中）

1. 平刀推拉片是（　　）两种刀法的相互结合。

Note

参考答案

A. 平刀推片和平刀拉片　　B. 平刀推片和平刀直片

C. 平刀直片和平刀拉片　　D. 直刀切和平刀直片

2. 适合应用平刀推拉片的原料有(　　)等。

①胡萝卜　②牛肉　③猪肉　④莴笋　⑤土豆

A. ②④⑤　　B. ①②③　　C. ①④⑤　　D. ②③

3. 下列有关平刀推拉片的说法不正确的是(　　)。

A. 先运用推刀片的方法，使刀片进原料，然后运用拉刀片的方法继续片

B. 刀要端平，向刀膛加力压贴原料，从始至终动作要连贯紧凑

C. 平刀推拉片的刀法适用于体积小、无韧性、少筋膜的原料

D. 右手运刀要充分有力，动作要连贯、协调、自然，否则原料滑动易使手受伤

二、判断题(正确的画"√"，错误的画"×")

1. 平刀推拉片这一刀法适用于体积较大、韧性强、筋膜较多的原料。(　　)

2. 平刀推拉片对扶稳原料的左手的摆放没有特定要求。(　　)

任务拓展

利用平刀推拉片刀法进行一道粤菜滑炒鸡片的配制。

评价标准

平刀推拉片的操作技能评价标准见表 2-9。

表 2-9　平刀推拉片的操作技能评价标准

姓名：　　　　学号：　　　　成绩：

序号	评价项目	评价内容	评价结果		
			自评(30%)	同学评价(30%)	教师评价(40%)
1	职业素养	着装和个人卫生符合岗位要求(10 分)			
2	安全意识	操作时按照规范要求，使用刀具和加工所需的工具(20 分)			
3	操作技能	站姿、握刀方法、左右手配合是否规范，刀法是否熟练(20 分)			
		成品是否符合标准，厚薄均匀、大小一致、整齐划一(30 分)			
		出料率是否达标，完成任务是否超时(20 分)			

子任务五　平刀滚料片

操作概述

平刀滚料片是运用了平刀推片和平刀拉片的方法，刀刃片入圆柱形原料表层的同时，原料以

Note

匀速向右不断滚动，从而将原料片成片的一种刀法，根据刀的操作位置可分为上平刀滚料片和下平刀滚料片。实施平刀滚料片操作需要关注准备工作、操作方法、操作要领、适用原料和注意事项 5 个方面。

在一次烹饪刀工展示中，小张将运用平刀滚料片刀法将一个心里美萝卜片出长 5 m 而不断的薄如飘带的长条片，他能否完成任务，从而彰显自己扎实的基本功呢？

任务实施

1. 准备工作

（1）形象准备　着工作服、戴工作帽，做好个人卫生。

（2）环境准备　检查工作环境，保障设备、设施处于正常工作状态，做好环境的清洁整理及检查工作。

（3）工具准备　根据岗位需求，准备干净的工具，为有序、高效开展工作做好准备。

（4）原料准备　根据工作任务选择足够原料，为完成任务做好准备。

2. 操作方法

①将原料放置于砧板表面里侧，左手扶稳原料，右手持刀与砧板表面平行，用刀刃的中前部对准原料要片的位置，见图 2-10(a)。

②左手将原料向右翻滚，刀随原料的滚动向左运刀片进原料，见图 2-10(b)。

③刀与原料的运动同步进行，见图 2-10(c)。

④继续片，直至将原料表皮全部片下为止，见图 2-10(d)。

平刀滚料片心里美萝卜

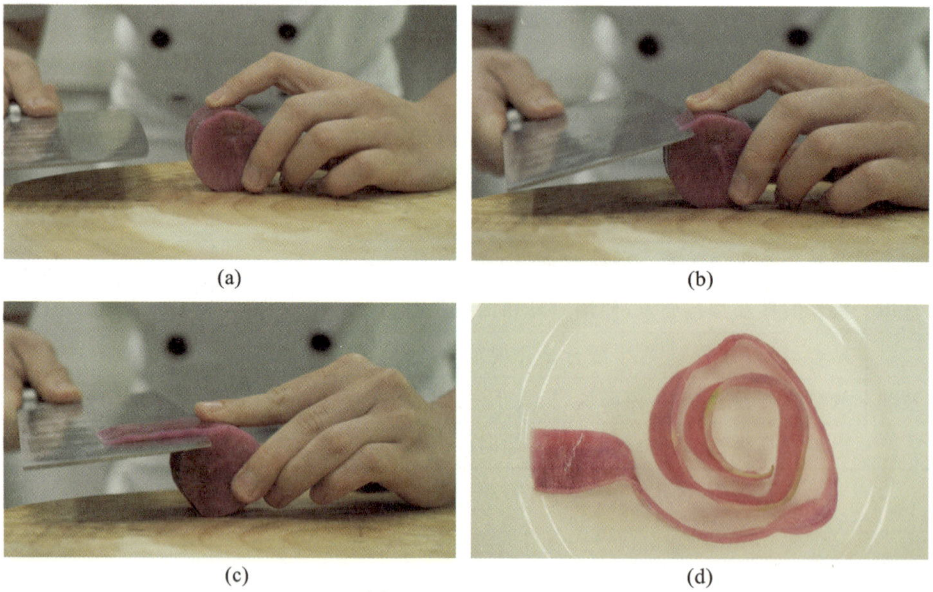

图 2-10　平刀滚料片心里美萝卜

3. 操作要领　刀要端平，不可忽高忽低，否则容易中途片断原料，影响成品规格；刀推进的速度与原料滚动的速度应保持一致。

4. 适用原料　此刀法适用于加工圆柱形脆性原料，如黄瓜、胡萝卜、竹笋、莴笋等，通常用于原料去皮。

5. 注意事项 刀刃推进原料的速度如果没有与原料滚动的速度保持一致，就会出现原料中途被片断的情况，影响成品效果等。

参考答案

任务检验

一、选择题(将正确答案填入对应的括号中)

1. 平刀滚料片运用了(　　)两种不同的操作方法。

A. 平刀直片和平刀拉片　　B. 平刀推片和平刀直片

C. 平刀推片和平刀拉片　　D. 以上都不对

2. 平刀滚料片适用于加工(　　)等脆性的原料。

①胡萝卜　②黄瓜　③豆腐　④莴笋　⑤通脊肉

A. ①②④　　B. ①②⑤　　C. ③④⑤　　D. ②③④

3. 下列有关平刀滚料片的说法不正确的是(　　)。

A. 将原料放置于砧板表面里侧，左手扶稳原料，右手持刀与砧板表面平行，用刀刃的中前部对准原料要片的位置

B. 刀与原料的运动同步进行

C. 刀要端平，不可忽高忽低，否则容易中途片断原料，影响成品效果

D. 刀推进的速度一定要比原料滚动的速度快

二、判断题(正确的画"√"，错误的画"×")

1. 只要掌握好平刀滚料片的运刀力度，就能片出厚薄一致的原料，与刀刃运动速度的过快或者过慢毫无关系。(　　)

2. 平刀滚料片这一刀法适用于加工三角锥形脆性原料。(　　)

任务拓展

运用平刀滚料片对胡萝卜、黄瓜和莴笋等带皮的原料进行去皮操作练习，从而提高刀法。

评价标准

平刀滚料片的操作技能评价标准见表 2-10。

表 2-10　平刀滚料片的操作技能评价标准

姓名：　　　　学号：　　　　成绩：

序号	评价项目	评价内容	评价结果		
			自评(30%)	同学评价(30%)	教师评价(40%)
1	职业素养	着装和个人卫生符合岗位要求(10 分)			
2	安全意识	操作时按照规范要求，使用刀具和加工所需的工具(20 分)			
3	操作技能	站姿、握刀方法、左右手配合是否规范，刀法是否熟练(20 分)			
		成品是否符合标准，厚薄均匀、长短一致(30 分)			
		出料率是否达标，完成任务是否超时(20 分)			

Note

任务三

应用剞刀法

任务描述

学徒小张听师傅讲，刀工是艺术，通过正确的刀工处理，可使菜肴更具艺术欣赏价值，精湛的刀工加上巧妙的烹调更能使菜肴体现艺术魅力，更符合当今消费者的心理需求。除了加热和调味可改变原料的形状外，一块肉、一条鱼等原料都要借助于刀工技法才可烹调出形状各异的美食，才能使烹调出的菜肴看起来赏心悦目，达到使消费者观之欲食、欲食不忍、食之味美的上层境界。因此，刀工技术成为小张的师傅最热爱的一项技能，其中有一种称为剞刀法，是指一种用切或片的方法将原料加工成深而不断并具有一定规律刀纹的刀法，也就是在加工原料时，用直刀法、平刀法和斜刀法不将原料完全切断的一种运刀技法。这种刀法主要用来美化原料，缩短成熟时间，使热穿透均衡，原料内外成熟、老嫩一致，便于将原料烹调入味，能将普通的菜肴提升一个档次。

任务导入

某年海南省举办中职学校烹饪技能大赛，海南省某中职学校将参加这次大赛。该学校烹饪专业负责人在接到比赛任务后，立即组织烹饪专业所有教师就参加这次技能大赛展开讨论，经多次沟通后确定了此次的参赛计划，其中之一是在鱼类菜肴的制作上进行创新，突破传统做法，争取拿到这个赛项的一等奖。那么，要达成这个目标，制作这道鱼类菜肴，具体应用怎样的剞法呢？具体的操作方法和要求是怎样的？

任务目标

①了解剞刀法的概念及其分类。

②掌握剞刀法在实践中所适用的原料范围。

③能够运用剞刀法中各种不同的刀法，同时掌握其操作方法和操作要领，并能熟练切制出达到花刀成形标准的原料。

④应用不同的剞刀法加工常见烹饪原料。

⑤分析剞刀法操作中可能存在的问题，并进行必要更正。

⑥树立良好的安全意识，培养良好的职业素养。

⑦培养学生养成态度严谨、团队合作、勇于探索、敢于创新、勤于思考的优良作风精神。

⑧培养学生精益求精的质量意识。

子任务一 斜一字花刀

操作概述

斜一字形花刀是指运用斜刀拉剞或直刀推剞的方法，在原料表面切上一定深度而不切断原料的一种刀法，用于加工肉质较厚的鱼类等，便于后续干烧、红烧、清蒸等烹调制作。

某天晚上，宴会厅将迎来50桌婚宴，身为砧板厨师的小张需要处理50条清蒸的鲈鱼和50块炭烤大羊排，他需要在半个小时内对以上原料剞斜一字花刀，便于原料成熟和入味，他能否完成今天的任务呢？

任务实施

1. 准备工作

(1)形象准备　着工作服、戴工作帽，做好个人卫生。

(2)环境准备　检查工作环境，保障设备、设施处于正常工作状态，做好环境的清洁整理及检查工作。

(3)工具准备　根据岗位需求，准备干净的工具，为有序、高效开展工作做好准备。

(4)原料准备　根据工作任务选择足够原料，为完成任务做好准备。

2. 操作方法

①将杀好的鱼放于砧板上，见图2-11(a)。

②在鱼身的一面剞上斜一字形平行排列的刀纹，刀距一般为1～2 cm，见图2-11(b)、(c)。

③再在鱼身的另一面同样剞上斜一字形平行排列的刀纹，见图2-11(d)。

斜一字花刀剞鲈鱼

(a) (b) (c) (d)

图2-11　斜一字花刀剞鲈鱼

Note

3. 操作要领 刀在原料表面剞下的深度和相邻两刀的距离应保持一致和均匀，不能有深有浅、有宽有窄。只有剞出来的原料形态美观，经过烹调后才能体现出菜肴的美感和操作者高超的刀工。

4. 适用原料 该刀法主要适用于加工肉质较厚的鱼类和肉类等，如青鱼、草鱼、鲈鱼、黄鳝、河鳗等。

5. 注意事项

①进行该刀法操作时，应注意掌握好下刀的角度、位置，这对原料形态的整齐和刀纹的深度、距离有很大的影响。

②在整条鱼加工时，应注意正反两面的刀纹是否对称。

参考答案

任务检验

一、选择题（将正确答案填入对应的括号中）

1. 使用斜一字花刀时，在鱼身的一面剞上斜一字形平行排列的刀纹，刀距一般为（　　）cm。

A. 1～2　　B. 2～3　　C. 3～4　　D. 5～7

2. 斜一字花刀刀法适用于加工（　　）等原料。

①青鱼　②草鱼　③鲈鱼　④秋刀鱼　⑤河鳗

A. ①②④⑤　　B. ①②③⑤　　C. ①③④⑤　　D. ②③④⑤

3. 下列有关斜一字花刀的说法不正确的是（　　）。

A. 斜一字形花刀适用于加工肉质较厚的鱼类等，便于后续的干烧、红烧、清蒸等烹调制作

B. 刀在原料表面剞下的深度和相邻两刀的距离应有差异，确保有深有浅、有宽有窄

C. 斜一字形花刀要求运用斜刀拉剞或直刀推剞的方法在原料表面切上一定深度的刀纹，而不将其切断

D. 对整条鱼加工时，应注意正反两面的刀纹是否对称

二、判断题（正确的画"√"，错误的画"×"）

1. 在使用斜一字花刀时，在原料的表面下刀越深越好，出来的效果也会更加美观。（　　）

2. 操作斜一字花刀刀法时，应注意掌握好下刀的角度、位置，这对原料形态的整齐和刀纹的深度距离有很大的影响。（　　）

任务拓展

运用斜一字花刀加工一条鱼，并在烹调后观察成品上的刀纹和深度是否符合标准。

评价标准

斜一字花刀的操作技能评价标准见表 2-11。

表 2-11 斜一字花刀的操作技能评价标准

姓名： 学号： 成绩：

序号	评价项目	评价内容	评价结果		
			自评（30%）	同学评价（30%）	教师评价（40%）
1	职业素养	着装和个人卫生符合岗位要求(10 分)			
2	安全意识	操作时按照规范要求，使用刀具和加工所需的工具(20 分)			
3	操作技能	站姿、握刀方法、左右手配合是否规范，刀法是否熟练(20 分)			
		成品是否符合标准，深浅或厚薄均匀、刀间距一致、整齐划一(30 分)			
		出料率是否达标，完成任务是否超时(20 分)			

子任务二 牡丹花刀

操作概述

牡丹花刀又称翻刀形花刀，是用斜刀剞、直刀剞或平刀剞在原料的表面剞上一定深度而不将其切断，一般是 2/3 的深度，从而使原料经过烹调后具有更好的形状和更入味的一种刀法，由于形态近似牡丹花瓣，所以称为牡丹花刀。实施牡丹花刀操作需要关注准备工作、操作方法、操作要领、适用原料和注意事项 5 个方面。

某酒店餐厅需对畅销菜糖醋鱼进行推广。小张身为砧板厨师，今日的任务艰巨，需要在接到订单后对活鱼进行宰杀并剞牡丹花刀，他今天是否能按时完成自己的工作任务呢？

任务实施

1. 准备工作

(1)形象准备 着工作服、戴工作帽，做好个人卫生。

(2)环境准备 检查工作环境，保障设备、设施处于正常工作状态，做好环境的清洁整理及检查工作。

(3)工具准备 根据岗位需求，准备干净的工具，为有序、高效开展工作做好准备。

(4)原料准备 根据工作任务选择足够原料，为完成任务做好准备。

2. 操作方法

①在鱼身左侧，由头部胸鳍后下刀，直刀剞至鱼脊骨，见图 2-12(a)。

②将刀身放平，贴鱼骨向头部推到鱼眼处，每隔 4 cm 以直刀剞法剞至鱼骨，见图 2-12(b)、(c)。

③放平刀身，向前推片 3 cm，留 6 mm 相连(一般 500 克重的鱼剞 5～6 刀)，见图 2-12(d)、(e)。

Note

牡丹花刀剞鲳鱼

④按上述方法将鱼身另一侧剞好，烹调后鱼身卷起如牡丹花瓣，见图 2-12(f)。

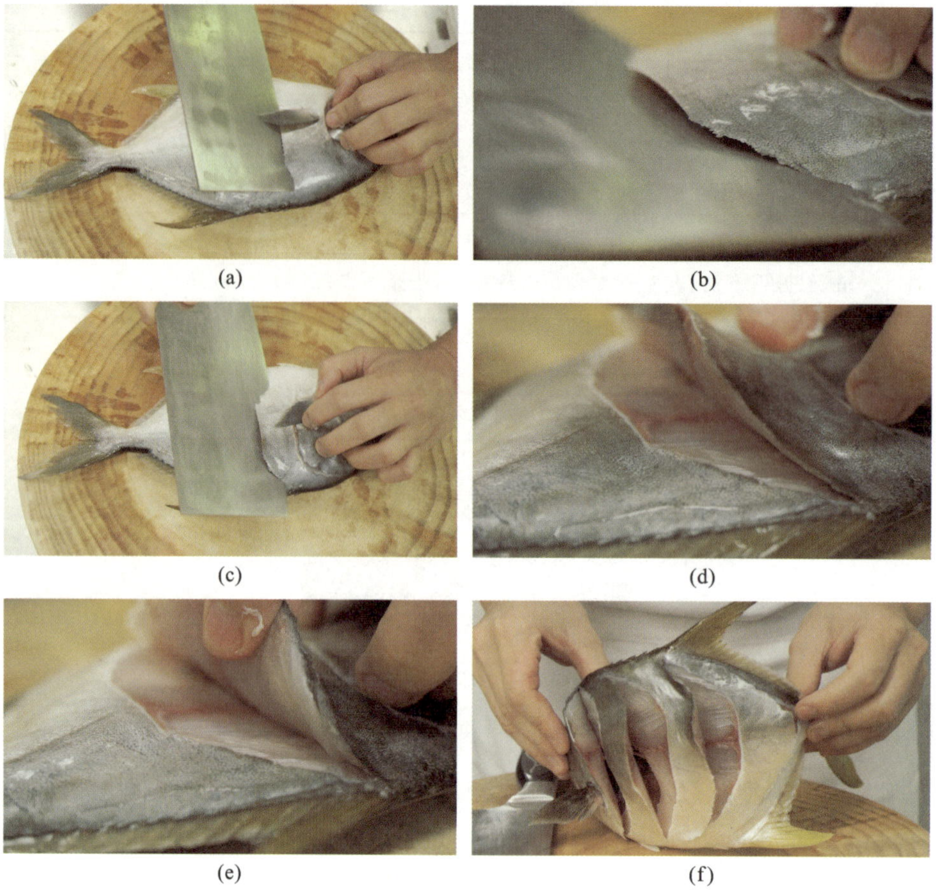

图 2-12　牡丹花刀剞鲳鱼

3. 操作要领　操作时左手要扶稳原料不让其向前滑动，持刀要稳，原料进刀深度主要是靠腕力控制，剞刀的深度要一致，动作要轻柔有力，刀距要相等。

4. 适用原料　牡丹花刀常用于加工体大而肉厚的鱼，如大黄鱼、青鱼、鲤鱼等，适用于清蒸、脆熘、软熘等烹调方法。

5. 注意事项　下刀时要注意刀的斜度和深度，刀要深至骨头，才能弯曲出像花瓣一样的鱼片。

参考答案

任务检验

一、选择题(将正确答案填入对应的括号中)

1. 使用牡丹花刀时，贴鱼骨向头部推到鱼眼处，每隔(　　) cm 以直刀剞法剞至鱼骨。

A. 1　　B. 2　　C. 4　　D. 7

2. 牡丹花刀这一刀法适用于加工(　　)等原料。

①鲈鱼　②大黄鱼　③青鱼　④鲤鱼　⑤河鳗

A. ①②④　　B. ①②③　　C. ①④⑤　　D. ②③④

3. 下列有关牡丹花刀的说法不正确的是(　　)。

Note

A. 在鱼身两侧，分别由头部胸鳍后下刀，直刀剞至鱼脊骨

B. 牡丹形花刀常用于加工体小而肉薄的鱼

C. 操作时左手要扶稳原料不让其向前滑动，持刀要稳

D. 剞刀的深度要一致，动作要轻柔有力，刀距要相等

二、判断题(正确的画“√”，错误的画“×”)

1. 牡丹花刀只适用于需要蒸制的鱼类，其他烹调方法的菜肴不适用。　(　　)

2. 操作牡丹花刀下刀时要注意刀的斜度和深度，刀要深至骨头。　(　　)

任务拓展

自己独立完成一次牡丹花刀剞鱼的操作，并观察和分析成品的形态，对不足的地方进行改进。

评价标准

牡丹花刀的操作技能评价标准见表 2-12。

表 2-12　牡丹花刀的操作技能评价标准

姓名：　　　　学号：　　　　成绩：

序号	评价项目	评价内容	评价结果		
			自评(30%)	同学评价(30%)	教师评价(40%)
1	职业素养	着装和个人卫生符合岗位要求(10 分)			
2	安全意识	操作时按照规范要求，使用刀具和加工所需的工具(20 分)			
3	操作技能	站姿、握刀方法、左右手配合是否规范，刀法是否熟练(20 分)			
		成品是否符合标准，薄厚均匀、刀距一致(30 分)			
		出料率是否达标，完成任务是否超时(20 分)			

子任务三　柳叶花刀

操作概述

柳叶花刀是在整条鱼身体的两侧用斜刀推剞或刀尖拉剞的刀法制作，经过烹调后鱼身刀纹翻起呈柳叶纹状，所以称为柳叶花刀。实施柳叶花刀操作需要关注准备工作、操作方法、操作要领、适用原料和注意事项 5 个方面。

刚跟着师傅学习柳叶花刀的小张，需要在师傅休假时，自己能独立完成对原料进行柳叶花刀加工、传递给炉头厨师烹调的准备。

任务实施

1. 准备工作

（1）形象准备　着工作服、戴工作帽，做好个人卫生。

（2）环境准备　检查工作环境，保障设备、设施处于正常工作状态，做好环境的清洁整理及检查工作。

（3）工具准备　根据岗位需求，准备干净的工具，为有序、高效开展工作做好准备。

（4）原料准备　根据工作任务选择足够原料，为完成任务做好准备。

2. 操作方法

①先在鱼身左侧中央由头至尾顺着鱼身用直刀剞上一条直刀纹，见图 2-13(a)、(b)。

②以此直刀纹为起点，等距的在鱼背上直刀剞上 3～5 条斜直刀纹，见图 2-13(c)、(d)。

③顺着背部斜直刀纹的起点，在腹部剞上斜直刀纹，依上法再剞好另一侧。烹调后鱼身刀纹翻起呈柳叶纹状，见图 2-13(e)、(f)。

柳叶花刀剞鲳鱼

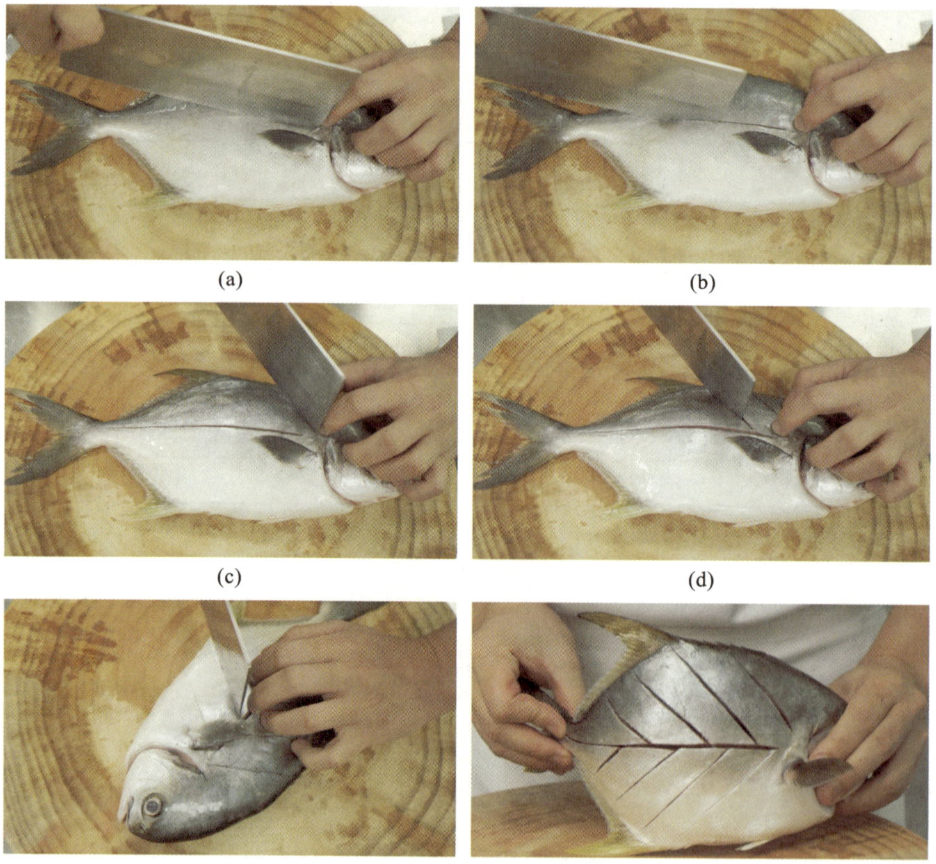

图 2-13　柳叶花刀剞鲳鱼

3. 操作要领　剞出来的纹路形似柳叶，整体美观，刀纹间距要均匀一致，深度不可深至鱼骨，不能刺破鱼肚。

4. 适用原料　该刀法主要适用于加工体表较宽的鱼类，如鲳鱼、草鱼、鲤鱼、鲫鱼等扁形鱼或菱形鱼类。

5. 注意事项 剞柳叶花刀时需要注意下刀的深度不可深至鱼骨，不能刺破鱼肚，避免烹调出来的鱼开口过大影响美观。

参考答案

任务检验

一、选择题(将正确答案填入对应的括号中)

1. 使用柳叶花刀时，以背部斜直刀纹为起点，等距地在鱼背上直刀剞上(　　)条斜直刀纹。

A. 1～3　　B. 3～5　　C. 5～7　　D. 8～10

2. 柳叶花刀这一刀法适用于加工(　　)等原料。

①鲳鱼　②马鲛鱼　③黄鳝鱼　④鲤鱼　⑤草鱼

A. ①②④　　B. ①②③　　C. ①④⑤　　D. ②③⑤

3. 下列有关柳叶花刀的说法不正确的是(　　)。

A. 柳叶花刀刀法要求在整条鱼身体的两侧用斜刀推剞或刀尖拉剞的刀法进行操作

B. 操作柳叶花刀要先在鱼身左侧中央由头至尾顺鱼身用直刀剞上一条直刀纹

C. 操作时深度要深至鱼骨，可以刺破鱼肚

D. 经过柳叶花刀操作后的鱼在烹调后鱼身刀纹会翻起呈柳叶纹状

二、判断题(正确的画“√”，错误的画“×”)

1. 柳叶花刀主要适用于加工体表较宽的鱼类。(　　)

2. 要想剞制出的纹路形似柳叶，整体美观，就必须在下刀时保持刀距均匀一致。(　　)

任务拓展

了解柳叶花刀的花纹形态，并在一些原料上多加练习以便快速掌握。

评价标准

柳叶花刀的操作技能评价标准见表 2-13。

表 2-13　柳叶花刀的操作技能评价标准

姓名：　　　　学号：　　　　成绩：

序号	评价项目	评价内容	评价结果		
			自评(30%)	同学评价(30%)	教师评价(40%)
1	职业素养	着装和个人卫生符合岗位要求(10 分)			
2	安全意识	操作时按照规范要求，使用刀具和加工所需的工具(20 分)			
3	操作技能	站姿、握刀方法、左右手配合是否规范，刀法是否熟练(20 分)			
		成品是否符合标准，刀口深浅均匀、刀距一致，形似柳叶纹(30 分)			
		出料率是否达标，完成任务是否超时(20 分)			

Note

任务四

应用砍法

任务描述

做学徒时小张常常听师傅说:“十年刀工,三年炒功。”所以刀工不是一两天或是一朝一夕就能练好的,小张印象最深刻的是刚入酒店时每天都要砍几十斤的骨头给炉头厨师煲汤。砍又称劈,是指保证刀面与砧板垂直,运用臂力把带骨的、体积较大的原料切割成较小形状的一种刀法,在直刀法中砍的幅度、力量最大。根据一刀能否将原料劈开,分为直刀砍、跟刀砍、拍刀砍 3 种。

任务导入

海南省海口市某店的蒜香炸排骨是很多人打卡的“明星小吃”。该店铺从 2000 年开业至今,已经“红”了 17 年,从原来简陋的铺面到现在隔着防尘玻璃售卖,外形上了档次,味道更受欢迎。虽说蒜香炸排骨的秘方不方便对外透露,但是该店在选材上可谓是认真而细心。精选的猪排骨被砍成了小段,经过腌渍之后再放入油锅里炸,等到通体金黄就可以出锅。经过多次实践,蒜香炸排骨的厨师总能把握好油炸的时间,使炸排骨的肉质外焦里嫩。咬一口,腌渍得极为入味的排骨香浓可口,好的肉质绽放在舌尖,香料给味蕾带来极大的满足。裹在排骨表面的淀粉酥脆可口,时不时还能吃到同样被炸透的蒜粒,蒜香味浓郁,见图 2-14。在制作蒜香炸排骨时,对生排骨的加工运用了怎样的砍法?具体的操作方法和要求是怎样的?

图 2-14　蒜香炸排骨

任务目标

①了解砍的概念及其分类。

②掌握砍法在实践中所适用的原料范围。

③能够运用砍法中各种不同刀法，同时掌握操作方法和操作要领，并能够运用砍法将动物原料切割成符合烹调要求的形状。

④应用不同的砍法加工常见烹饪原料。

⑤分析砍法操作中可能存在的问题，并进行必要更正。

⑥树立良好的安全意识，培养良好的职业素养。

⑦在教学实践中，引导学生树立正确的世界观、人生观和价值观，规划自己的目标和理想，并为此付出努力。

⑧培养学生精益求精的质量意识。

子任务一 直刀砍

操作概述

直刀砍（斩）就是将刀对准原料要砍的部位，用力向下直砍（斩）的刀法。斩和砍是根据运刀使用力量的大小来区分的，力量大的称为砍，力量小的称为斩，下刀要稳、准、狠。实施直刀砍法操作需要关注准备工作、操作方法、操作要领、适用原料和注意事项 5 个方面。

某天早上，厨房需要腌制 30 斤蒜香排骨，厨师长将该任务安排给砧板厨师小张来完成。面对采购回来的整条猪排骨，将其砍成 3～4 cm 的块状是首要工作，他能否按标准完成任务呢？

任务实施

1. 准备工作

（1）形象准备　着工作服、戴工作帽，做好个人卫生。

（2）环境准备　检查工作环境，保障设备、设施处于正常工作状态，做好环境的清洁整理及检查工作。

（3）工具准备　根据岗位需求，准备干净的工具，为有序、高效开展工作做好准备。

（4）原料准备　根据工作任务选择足够原料，为完成任务做好准备。

2. 操作方法

①左手扶稳原料，右手持刀，见图 2-15(a)。

②将刀举起，用刀刃的中后部对准原料要砍的位置用力一刀将原料砍断，见图 2-15(b)。

③如此反复进行，见图 2-15(c)。

3. 操作要领　右手握牢刀柄，防止脱手；将原料平放，左手扶料并离落刀点远一点，防止伤手。

砍猪排骨

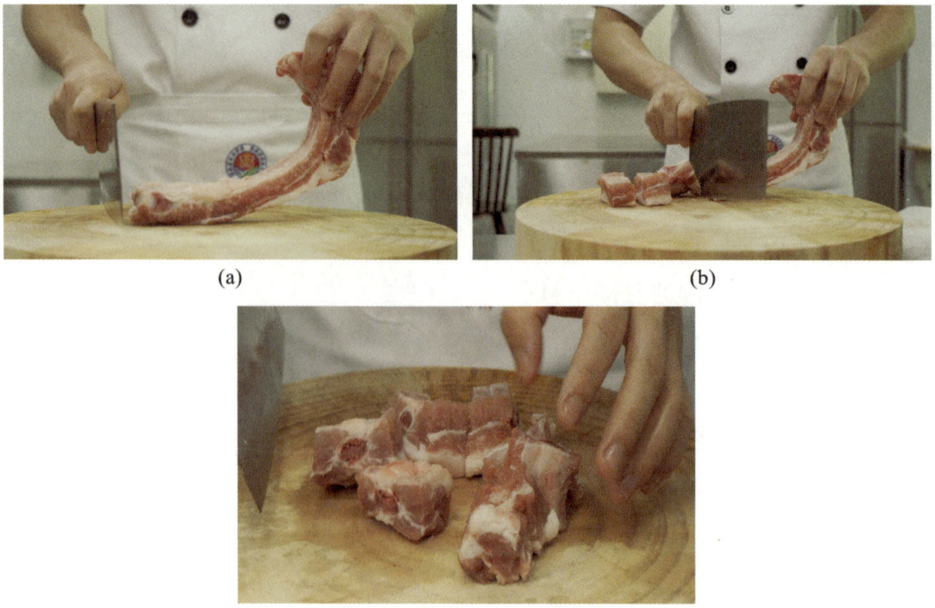

(a) (b)

(c)

图 2-15 砍猪排骨

落刀要稳、准、狠，力求一刀砍断原料，尽量不重刀。

4. 适用原料 此刀法适用于加工形体较大或带骨的动物原料，如整鸡、整鸭、排骨等。

5. 注意事项

①如没有握紧刀把，在砍到硬骨时容易造成刀脱手而发生意外事故。

②运用直刀砍时需要快、准、狠，如未能够一刀砍断，反复砍数次会造成原料骨肉碎烂，影响质量。

③原料放得不平稳或原料过小时，在落刀时左手未迅速离开原料，容易发生砍伤手指等事故。

参考答案

任务检验

一、选择题（将正确答案填入对应的括号中）

1. 直刀砍时，用刀刃的（　　）对准要砍的原料位置。

A. 前端　　B. 中前部　　C. 中后部　　D. 末端

2. 直刀砍的刀法适用于加工（　　）等原料。

①整鸡　②整鸭　③豆腐　④排骨　⑤整鹅

A. ①②④⑤　　B. ①②③⑤　　C. ①③④⑤　　D. ②③④⑤

3. 下列有关直刀砍的说法不正确的是（　　）。

A. 直刀砍应先用左手扶稳原料，右手持刀，将刀举起

B. 落刀要稳、准、狠，力求一刀砍断原料，尽量不重刀

C. 运用直刀砍时需要快、准、狠，一刀砍不断，可以反复砍数次，不会造成原料形状零乱

D. 原料放得不平稳或原料过小时，在落刀时左手未迅速离开原料，容易发生砍伤手指等

Note

事故

二、判断题(正确的画"√",错误的画"×")

1. 由于直刀砍用力比较大和原料质地比较坚硬,所以在操作时应右手紧握砍刀,防止下刀震动时砍刀脱手造成事故。 ( )

2. 直刀砍这一刀法适用于加工形体较小或无骨的动物原料。 ( )

任务拓展

运用直刀砍完成一道白切鸡的切配。

评价标准

直刀砍的操作技能评价标准见表 2-14。

表 2-14 直刀砍的操作技能评价标准

姓名: 学号: 成绩:

序号	评价项目	评价内容	评价结果		
			自评(30%)	同学评价(30%)	教师评价(40%)
1	职业素养	着装和个人卫生符合岗位要求(10 分)			
2	安全意识	操作时按照规范要求,使用刀具和加工所需的工具(20 分)			
3	操作技能	站姿、握刀方法、左右手配合是否规范,刀法是否熟练(20 分)			
		成品是否符合标准,大小均匀、长短一致、整齐划一(30 分)			
		出料率是否达标,完成任务是否超时(20 分)			

子任务二 跟刀砍

操作概述

跟刀砍是指将刀对准原料要砍的部位,先下刀砍进原料后稳住,右手持刀,左手扶原料,抬起用力往下,砍刀跟着原料同时下落到砧板上,将原料砍断的一种刀法。实施跟刀砍操作需要关注准备工作、操作方法、操作要领、适用原料和注意事项 5 个方面。

某天的员工餐是红烧猪脚,砧板厨师小张需要将所有猪脚对半劈开,再逐个砍成大小一致的块状。

任务实施

1. 准备工作

(1)形象准备 着工作服、戴工作帽,做好个人卫生。

（2）环境准备　检查工作环境，保障设备、设施处于正常工作状态，做好环境的清洁整理、检查工作。

（3）工具准备　根据岗位需求，准备干净的工具，为有序、高效开展工作做好准备。

（4）原料准备　根据工作任务选择足够原料，为完成任务做好准备。

2. 操作方法

①左手扶稳原料，右手持刀，用刀刃的中后部对准原料要砍的位置，嵌牢在原料内部，见图2-16（a）。

②左手持原料，与刀同时举起，用力向下砍断原料，刀与原料同时落下。如此反复进行，见图2-16（b）、（c）。

跟刀砍猪脚

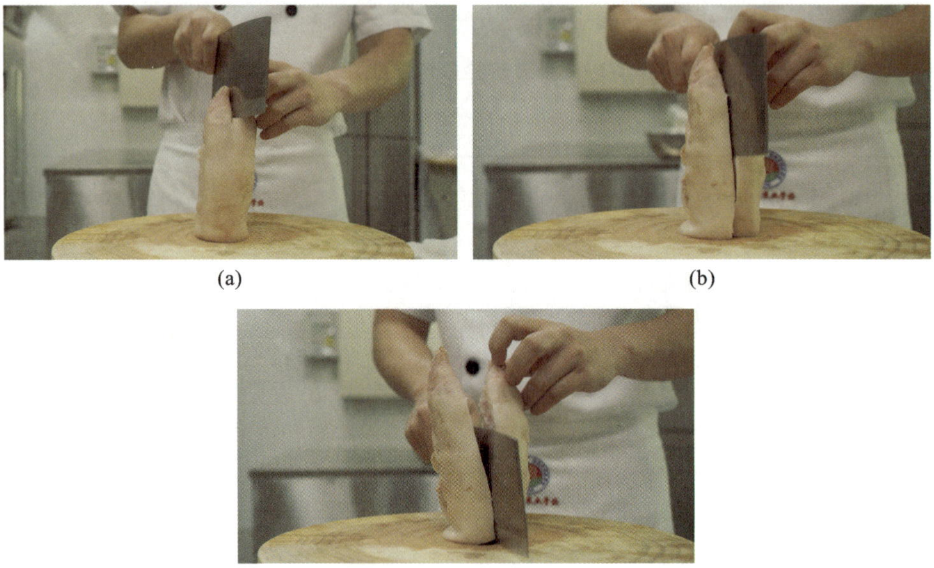

(a)　(b)　(c)

图 2-16　跟刀砍猪脚

3. 操作要领　左手扶料要牢，选好原料要砍的位置，将刀刃紧嵌在原料内部，以保证原料不脱落，原料与刀同时落下，向下用力砍断原料，一刀未断开的可连续砍数次，直至将原料完全断开为止。

4. 适用原料　此刀法适用于加工动物原料，如鸡爪、猪蹄、牛大骨等原料。

5. 注意事项　若刀刃嵌入原料时没有嵌牢，左右两手起落的速度不一致，都会造成用力时原料脱落、劈空，甚至劈伤手指等。

参考答案

任务检验

一、选择题（将正确答案填入对应的括号中）

1. 跟刀砍操作中，左手扶稳原料，右手持刀，用刀刃的（　　）对准要砍的原料位置。

A. 前端　　B. 中前部　　C. 中后部　　D. 末端

2. 跟刀砍这一刀法适用于加工（　　）等原料。

①牛大骨　②腐竹　③整鸡　④猪蹄　⑤鸡爪

Note

A. ①②④　　B. ①②③　　C. ①④⑤　　D. ②③⑤

3. 下列有关跟刀砍的说法不正确的是(　　)。

A. 跟刀砍过程中要用力向下砍断原料，刀与原料同时落下

B. 左手持料要牢，选好原料要砍的位置，将刀刃紧嵌在原料内部，以保证原料不脱落

C. 向下用力砍断原料，要一刀砍断，不可连续砍数次

D. 刀刃嵌入原料时若没有嵌牢、嵌稳，左右两手起落的速度不一致，都会造成用力时原料脱落、劈空，甚至劈伤手指等

二、判断题(正确的画"√"，错误的画"×")

1. 在使用跟刀砍时应先将刀刃嵌入原料，再反复砍制防止原料脱出和劈空。(　　)

2. 跟刀砍要求将刀对准原料要砍的部位，先下刀刃砍进原料后稳住，右手持刀，左手扶原料，抬起用力往下，刀跟着原料同时下落到砧板上，将原料砍断。(　　)

任务拓展

用排骨和大块的骨头进行跟刀砍的练习。

评价标准

跟刀砍的操作技能评价标准见表 2-15。

表 2-15　跟刀砍的操作技能评价标准

姓名：　　　　学号：　　　　成绩：

序号	评价项目	评价内容	评价结果		
			自评(30%)	同学评价(30%)	教师评价(40%)
1	职业素养	着装和个人卫生符合岗位要求(10 分)			
2	安全意识	操作时按照规范要求，使用刀具和加工所需的工具(20 分)			
3	操作技能	站姿、握刀方法、左右手配合是否规范，刀法是否熟练(20 分)			
		成品是否符合标准，大小均匀、长短一致、整齐划一(30 分)			
		出料率是否达标，完成任务是否超时(20 分)			

子任务三 拍刀砍

操作概述

拍刀砍是指右手持刀将刀刃放在原料要砍的部位上，左手掌心或掌跟向刀背拍击，将原料砍断的一种方法。实施拍刀砍操作需要关注准备工作、操作方法、操作要领、适用原料和注意事项 5 个方面。

某酒店要推出一道特价的剁椒鱼头作为引流菜肴,而砧板厨师小张需要对采购回来的鱼头进行“砍成两半”的加工。

任务实施

1. 准备工作

(1)形象准备　着工作服、戴工作帽,做好个人卫生。

(2)环境准备　检查工作环境,保障设备、设施处于正常工作状态,做好环境的清洁整理及检查工作。

(3)工具准备　根据岗位需求,准备干净的工具,为有序、高效开展工作做好准备。

(4)原料准备　根据工作任务选择足够原料,为完成任务做好准备。

2. 操作方法

①左手扶稳原料,右手持刀,刀刃对准原料要砍的位置,见图 2-17(a)。

②左手离开原料并举起,用左手掌心或掌跟拍击刀背,使原料断开,见图 2-17(b)、(c)。

拍刀砍大鱼头

(a)　(b)　(c)

图 2-17　拍刀砍大鱼头

3. 操作要领　原料要放平稳,用掌心或掌跟拍击刀背时用力要充分。刀刃一定要放在原料要砍的部位,不可离开原料,可连续拍击刀背直至原料完全断开为止。

4. 适用原料　这种刀法主要适用于加工圆形或椭圆形、体小而滑的原料,如鸡头、鸭头、酱鸭、鱼头等韧性原料。

5. 注意事项

①操作时需要将原料放平稳,用掌心或掌跟拍击刀背时用力要充分,才能在击拍的作用下切断原料。

②碰到一些过于坚硬的原料,不可用手腕的力量进行猛拍,避免伤到掌心。

任务检验

参考答案

一、选择题(将正确答案填入对应的括号中)

1. 使用拍刀砍时,用左手(　　)拍击刀背,使原料断开。

A. 手指　　B. 掌心或掌跟　　C. 拳头　　D. 以上都不对

2. 拍刀砍这一刀法适用于加工(　　)等原料。

①鸡头　②鱼头　③酱鸭　④鲫鱼　⑤排骨

Note

A. ①②④ B. ①②③ C. ①④⑤ D. ②③⑤

3. 下列有关拍刀砍的说法不正确的是(　　)。

A. 原料要放平稳,用掌心或掌跟拍击刀背时不要用力,轻轻拍打

B. 刀刃一定要放在原料要砍的部位,不可离开原料,可连续拍击刀背直至原料完全断开为止

C. 操作时左手扶稳原料,右手持刀,刀刃对准原料要砍的位置

D. 碰到一些过于坚硬的原料,不能用手腕的力量进行猛拍,避免伤到掌心

二、判断题(正确的画"√",错误的画"×")

1. 拍刀砍主要适用于加工圆形或椭圆形、体小而滑的原料。(　　)

2. 不同坚硬程度的原料适用不同的砍法,拍刀砍应用蛮力进行击拍。(　　)

任务拓展

选一些硬度适中、可用拍刀砍的原料进行练习并掌握该技法。

评价标准

拍刀砍的操作技能评价标准见表 2-16。

表 2-16　拍刀砍的操作技能评价标准

姓名: 学号: 成绩:

序号	评价项目	评价内容	评价结果		
			自评(30%)	同学评价(30%)	教师评价(40%)
1	职业素养	着装和个人卫生符合岗位要求(10 分)			
2	安全意识	操作时按照规范要求,使用刀具和加工所需的工具(20 分)			
3	操作技能	站姿、握刀方法、左右手配合是否规范,刀法是否熟练(20 分)			
		成品是否符合标准,大小均匀、形状一致(30 分)			
		出料率是否达标,完成任务是否超时(20 分)			

任务五

应用剁法

任务描述

随着科技的快速发展，越来越多原料的传统加工方法被机器所取代。不过，在酒店实习的小张看到酒店有一道畅销菜红烧狮子头，其制作方法是砧板厨师用传统的手法将猪肉一刀一刀剁出来，剁出来的肉粒大小不一，吃到嘴里颗粒分明、有嚼劲，跟搅拌机搅打出来的口感大不相同。这种剁的刀法就是在直切的基础上快速地将无骨原料和部分植物原料加工成蓉、末。一把刀操作称为单刀剁；为提高工作效率，左右手各持一把刀操作称为双刀剁。

任务导入

海南省某酒店来了几位特别的客人，据酒店经理了解，这几位客人在海南省旅游了一段时间，品尝了很多海南省的美食，这几天他们又想起了最爱的"狮子头"。酒店经理想服务好这几位特别的客人，就与厨师长商量，尝试制作改良版的"狮子头"。厨师长将具体操作要求交代给砧板主管，经多次试菜后，海南椰汁炖狮子头出品了，也得到了客人们的好评。在海南椰汁炖狮子头的操作中，具体应用了怎样的刀法？具体的操作方法和要求是怎样的？

任务目标

①了解剁的概念及其分类。

②掌握剁法在实践中所适用的原料范围。

③能够运用剁法中的单刀剁和双刀剁，同时掌握操作方法和操作要领，熟练运用剁法，将原料剁成符合烹调要求的形态。

④应用两种剁法加工常见烹饪原料。

⑤分析剁法操作中可能存在的问题，并进行必要更正。

⑥树立良好的安全意识，培养良好的职业素养。

子任务一 单刀剁

操作概述

单刀剁也称为直剁，是指右手持刀，运用腕力和小臂力量，用力大小适度，将原料剁断又不能使刀陷入砧板中的一种刀法，是在直刀切中“跳刀”的基础上加快速度的一种具体操作。

酒店需要制作一款蒸类菜肴的专用蒜蓉酱，接到厨师长任务的小张需要在每天早上开档前将5斤蒜剁成蒜蓉，供炉头厨师进行加工和调制。他能否在规定时间内将蒜蓉剁出来呢？

任务实施

1. 准备工作

(1)形象准备　着工作服、戴工作帽，做好个人卫生。

(2)环境准备　检查工作环境，保障设备、设施处于正常工作状态，做好环境的清洁整理及检查工作。

(3)工具准备　根据岗位需求，准备干净的工具，为有序、高效开展工作做好准备。

(4)原料准备　根据工作任务选择足够原料，为完成任务做好准备。

2. 操作方法

①原料放置在砧板表面，左手扶砧板边缘，右手持刀，见图2-18(a)。

②用刀刃的中间部位对准原料，用力剁碎，见图2-18(b)。

③将原料剁到一定程度时，右手使刀身倾斜，用刀将原料铲起归堆，再反复剁原料直至达到要求，见图2-18(c)。

单刀剁猪肉

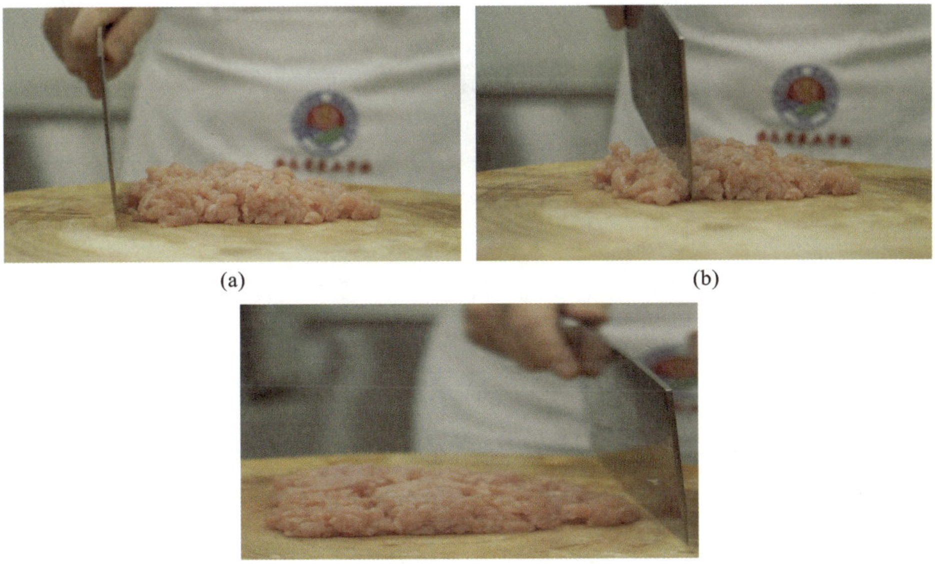

(a)　(b)

(c)

图2-18　单刀剁猪肉

3. 操作要领　操作时，用手腕带动小臂上下摆动，挥动将原料剁碎，同时要勤翻原料，使其均匀细腻，用刀要富有节奏，注意抬手不可过高，避免将原料甩出，造成浪费。

4. 适用原料　一般适用于无骨软性或脆性原料，如牛肉、羊肉、猪肉、鱼、虾肉、咸菜、蒜、姜等。

5. 注意事项　挥动刀剁碎原料时，应注意刀不可抬得过高，避免用力过大刀刃嵌入砧板中。

任务检验

一、选择题(将正确答案填入对应的括号中)

1. 操作剁法时，按照使用刀的数量可分为(　　)。

Note

参考答案

A. 单刀剁、多刀剁　　B. 双刀剁、多刀剁　　C. 单刀剁、双刀剁　　D. 以上都不对

2. 单刀剁的刀法适用于加工（　　）等原料。

①猪肉　②鱼肉　③虾肉　④排骨　⑤蒜头

A. ①②④⑤　　B. ①②③⑤　　C. ①③④⑤　　D. ②③④⑤

3. 下列有关单刀剁的说法不正确的是（　　）。

A. 用刀刃的前端部位对准原料，用力剁碎

B. 操作时，用手腕带动小臂上下摆动，将原料剁碎

C. 要勤翻原料，使其均匀细腻，用刀要富有节奏

D. 挥动刀剁碎原料时，应注意刀不可抬得过高，避免用力过大刀刃嵌入砧板中

二、判断题（正确的画“√”，错误的画“×”）

1. 运用单刀剁时应合理控制下刀的力度，避免用力过猛将刀刃嵌入砧板中。（　　）

2. 单刀剁的方法一般适用于加工无骨软性或脆性原料。（　　）

任务拓展

为配制红烧狮子头，运用单刀剁将五花肉加工成符合要求的颗粒状。

评价标准

单刀剁的操作技能评价标准见表 2-17。

表 2-17　单刀剁的操作技能评价标准

姓名：　　　　　　学号：　　　　　　成绩：

序号	评价项目	评价内容	评价结果		
			自评（30%）	同学评价（30%）	教师评价（40%）
1	职业素养	着装和个人卫生符合岗位要求（10 分）			
2	安全意识	操作时按照规范要求，使用刀具和加工所需的工具（20 分）			
3	操作技能	站姿、握刀方法、左右手配合是否规范，刀法是否熟练（20 分）			
		成品是否符合标准，颗粒均匀、大小一致（30 分）			
		出料率是否达标，完成任务是否超时（20 分）			

子任务二 双刀剁

操作概述

双刀剁也称为排剁，是指左手和右手各持一把刀，运用腕力和小臂力量，用力大小适度，将原料剁断又不能使刀陷入砧板中的一种刀法，是在直刀切中“跳刀”的基础上加快速度的操作，通常按左手 2 次、右手 1 次的速度匀速进行。由于剁的声音类似骏马奔跑发出的脚步声，所以也称为“马蹄刀”。

某酒店要推出金汤鱼丸作为招牌菜，厨师长将鱼肉的加工安排给了砧板厨师小张，需要他将采购回来的鱼肉剁成鱼糜状。为了快速完成该任务，小张决定用在学校学习过的双刀剁进行加工。

任务实施

1. 准备工作

（1）形象准备　着工作服、戴工作帽，做好个人卫生。

（2）环境准备　检查工作环境，保障设备、设施处于正常工作状态，做好环境的清洁整理及检查工作。

（3）工具准备　根据岗位需求，准备干净的工具，为有序、高效开展工作做好准备。

（4）原料准备　根据工作任务选择足够原料，为完成任务做好准备。

2. 操作方法

①两手各持一刀，两刀呈八字形，见图 2-19(a)。

②两刀垂直上下交替剁，切勿相碰，见图 2-19(b)。

③当原料剁到一定程度，两刀向相反方向倾斜，用力将原料铲起归堆，继续进行双刀剁，见图 2-19(c)。

双刀剁猪肉

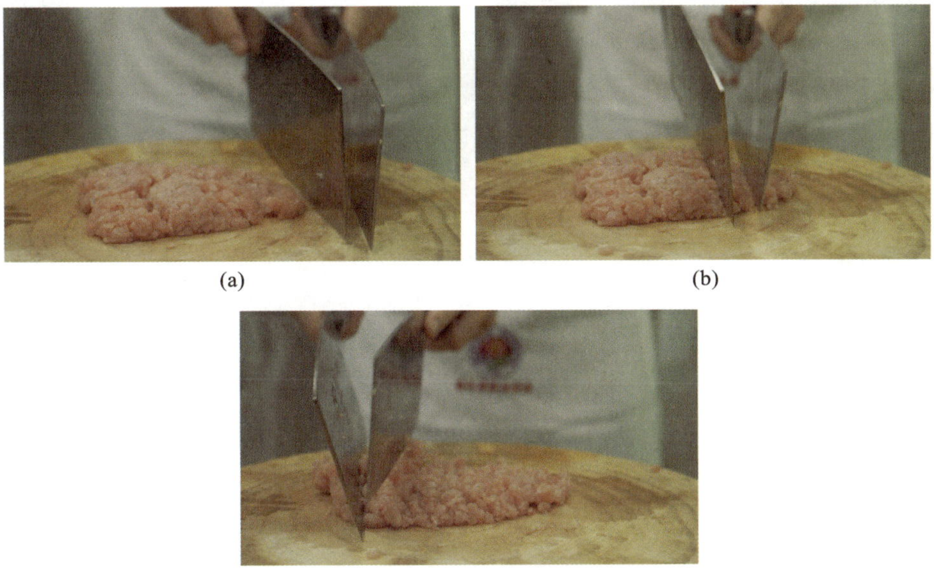

(a)　(b)　(c)

图 2-19　双刀剁猪肉

3. 操作要领　操作时，用手腕带动小臂上下摆动，挥刀将原料剁碎，同时要勤翻原料，使其均匀细腻，抬刀不可过高，避免将原料甩出，造成浪费。

4. 适用原料　一般适用于无骨软性或脆性原料，如牛肉、羊肉、猪肉、姜、咸菜等。

5. 注意事项

①左右两手握刀用力适中，合理运用手腕力量，从左至右，再从右至左，灵活地、有节奏地控制刀的起落。

Note

②两刀之间应保持间距，注意刀跟间的距离稍远一些，刀尖间的距离稍近一些，避免两刀发生碰撞。

参考答案

任务检验

一、选择题（将正确答案填入对应的括号中）

1. 双刀剁操作中，两手各持一刀，两刀呈（　　）。

A. 平行状　　B. 八字形　　C. 垂直状　　D. 以上都不对

2. 双刀剁这一刀法适用于加工（　　）等原料。

①咸菜　②猪肉　③虾肉　④排骨　⑤姜

A. ①②④⑤　　B. ①②③⑤　　C. ①③④⑤　　D. ②③④⑤

3. 下列有关双刀剁的说法不正确的是（　　）。

A. 两刀垂直上下交替剁，切勿相碰

B. 当原料剁到一定程度，两刀向相反方向倾斜，用力将原料铲起归堆，继续进行双刀剁

C. 操作时，用手腕带动小臂上下摆动，将原料剁碎

D. 两刀之间应保持间距，注意刀尖间的距离稍远一些，刀跟间的距离稍近一些，避免两刀发生碰撞

二、判断题（正确的画“√”，错误的画“×”）

1. 左右两手握刀，用力适中，合理运用手腕力量，从左至右，再从右至左，灵活地、有节奏地控制刀的起落。（　　）

2. 在操作双刀剁时，应发挥手臂带动手腕的力量去做，避免双手过于僵直而出现手臂发酸。（　　）

任务拓展

日常生活中可以在砧板上进行双刀空剁练习，以掌握下刀的力度和运刀的节奏。

评价标准

双刀剁的操作技能评价标准见表 2-18。

表 2-18　双刀剁的操作技能评价标准

姓名：　　　　学号：　　　　成绩：

序号	评价项目	评价内容	评价结果		
			自评（30%）	同学评价（30%）	教师评价（40%）
1	职业素养	着装和个人卫生符合岗位要求（10 分）			
2	安全意识	操作时按照规范要求，使用刀具和加工所需的工具（20 分）			
3	操作技能	站姿、握刀方法、左右手配合是否规范，刀法是否熟练（20 分）			
		成品是否符合标准，颗粒均匀、大小一致（30 分）			
		出料率是否达标，完成任务是否超时（20 分）			

Note

任务六

应用其他刀法

任务描述

作为一名精通各种刀法的砧板厨师，不仅要熟悉常规的各类刀法，还要掌握一些日常加工原料时所需要的其他不同类型的刀法。尽管其他刀法在平时不太常用或技术含量相对于前面五种刀法较低，但也是需要掌握的一类加工原料的方法，主要有排刀法、拍、削等，是不可忽视的一项刀法技能。

任务导入

海口市周边某农家乐是很多乡村旅游者首选的目的地，原因之一是该农家乐的特色菜做法讲究、味道新颖，价格比较亲民，并形成了自己的风格，展现出了海南省乡村独有的农家味道。在制作这些农家美食中，具体应用了哪些刀法？具体是怎样操作的？

任务目标

①了解其他刀法的种类和特点。

②掌握其他刀法中排刀法、拍、削在实践中所适用的原料范围。

③能够运用其他刀法中排刀法、拍、削，同时掌握其操作方法和操作要领，并熟练运用将原料制成符合烹调要求的形状。

④应用其他刀法加工常见烹饪原料。

⑤分析其他刀法操作中可能存在的问题，并进行必要更正。

⑥树立良好的安全意识，培养良好的职业素养。

⑦提高整体综合素质，并形成“上学如上班，上课如上岗”的良好精神面貌。

子任务一 排刀法

操作概述

排刀法是指用刀刃在原料表面排剁上均匀的刀纹，再用刀跟或刀尖剁断筋络的一种刀法。这种刀法适宜处理大块厚片状原料，一般两面都要排剁，排刀深度应根据原料的质地及烹调方式灵活掌握。用排刀法斩断筋络的原料加热后不易变形，同时也更容易入味。

为了制作出一款既好吃又入味的鸡排，小张想到了在鸡排上用排刀法剁出一定的刀纹，进行腌制后再油炸的方法，他能否成功呢？

任务实施

1. 准备工作

（1）形象准备　着工作服、戴工作帽，做好个人卫生。

（2）环境准备　检查工作环境，保障设备、设施处于正常工作状态，做好环境的清洁整理及检查工作。

（3）工具准备　根据岗位需求，准备干净的工具，为有序、高效开展工作做好准备。

（4）原料准备　根据工作任务选择足够原料，为完成任务做好准备。

2. 操作方法

①先将大块原料加工成厚片待用，见图 2-20(a)。

②左手按住原料，右手持刀，在原料两面横竖排切，见图 2-20(b)、(c)。

③用刀跟或刀尖将原料中的主要筋络斩断，深度以扎透原料为度，见图 2-20(d)。

排刀法加工鸡胸肉

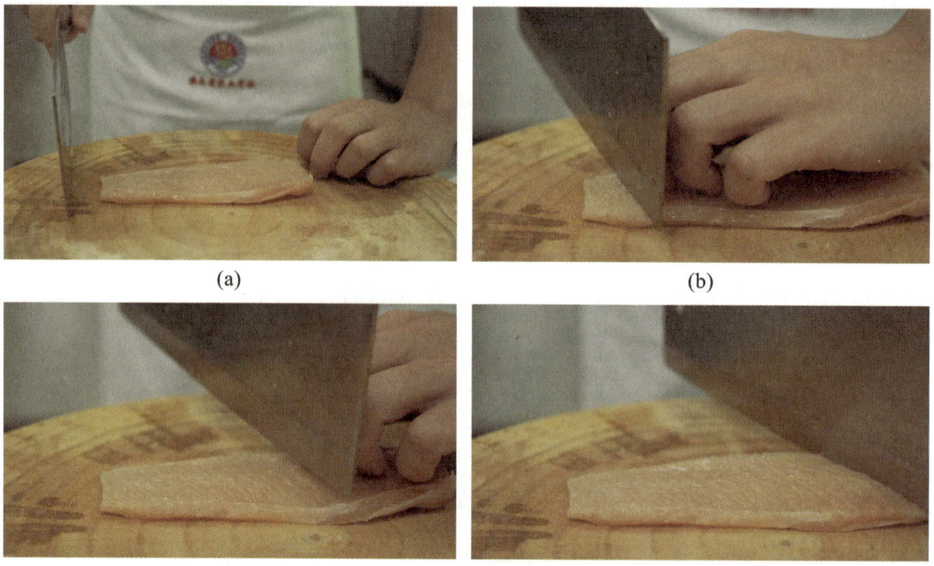

(a) (b) (c) (d)

图 2-20　排刀法加工鸡胸肉

3. 操作要领　在使用排刀法时，深度和力度要保持均匀一致，达到将原料剁散的理想效果，如过度用力容易将原料剁断。排刀要均匀地覆盖在原料的表面，不可过多或过少。

4. 适用原料　排刀法主要适用于具有韧性的原料，如牛肉、猪里脊、鸡胸肉、鳗鱼和大虾等。

5. 注意事项　在运用排刀法时，应根据原料的性质控制好下刀的力度，避免将原料剁烂或剁碎。

Note

参考答案

任务检验

一、选择题(将正确答案填入对应的括号中)

1. 操作排刀法时,左手按住原料,右手持刀,在原料(　　)横竖排切。

A. 一面　　B. 两面　　C. 多面　　D. 以上都不对

2. 排刀法的刀法适用于加工(　　)等原料。

①猪里脊　②牛肉　③排骨　④大虾　⑤鳗鱼

A. ①②④⑤　　B. ①②③⑤

C. ①③④⑤　　D. ②③④⑤

3. 下列有关排刀法的说法不正确的是(　　)。

A. 操作时应先将大块原料加工成厚片待用

B. 排刀要均匀地覆盖在原料的表面,不可过多或过少

C. 用刀跟或刀尖将原料中的主要筋络斩断,深度为原料厚度的 1/2

D. 在运用排刀法时,应根据原料的性质控制好下刀的力度,避免将原料剁烂或剁碎

二、判断题(正确的画"√",错误的画"×")

1. 在使用排刀法时,深度和力度要保持均匀一致,达到将原料剁散的理想效果。(　　)

2. 排刀法一般适用于具有韧性的原料。(　　)

任务拓展

通过在一些肉类原料上反复练习和操作,进而掌握排刀法的操作要领。

评价标准

排刀法的操作技能评价标准见表 2-19。

表 2-19　排刀法的操作技能评价标准

姓名:　　　　学号:　　　　成绩:

序号	评价项目	评价内容	评价结果		
			自评(30%)	同学评价(30%)	教师评价(40%)
1	职业素养	着装和个人卫生符合岗位要求(10 分)			
2	安全意识	操作时按照规范要求,使用刀具和加工所需的工具(20 分)			
3	操作技能	站姿、握刀方法、左右手配合是否规范,刀法是否熟练(20 分)			
		成品是否符合标准,粗细均匀、厚薄一致(30 分)			
		出料率是否达标,完成任务是否超时(20 分)			

Note

子任务二 拍

操作概述

拍是指在对原料进行加工时，用刀膛将原料拍松、拍碎的一种刀法。通过拍法可使脆性原料易于入味，也可使韧性原料，如肉质疏松鲜嫩。

凉菜中耳熟能详的就是凉拌拍黄瓜，小张为了接待亲朋好友，决定在晚餐中增加凉拌拍黄瓜，这道餐前开胃菜能否受到青睐呢？

任务实施

1. 准备工作

（1）形象准备　着工作服、戴工作帽，做好个人卫生。

（2）环境准备　检查工作环境，保障设备、设施处于正常工作状态，做好环境的清洁整理及检查工作。

（3）工具准备　根据岗位需求，准备干净的工具，为有序、高效开展工作做好准备。

（4）原料准备　根据工作任务选择足够原料，为完成任务做好准备。

2. 操作方法

①将需要拍的原料用左手放在砧板表面里侧，见图 2-21(a)。

②右手持刀，刀身端平，将刀抬起，用力向下将原料拍扁、拍松、拍碎，见图 2-21(b)。

(a)　　(b)

图 2-21　拍蒜

③如拍姜、蒜等原料，拍扁原料后在刀身抬起时，顺势将刀身往后拉，这个小动作可大大减少原料因挤压而四处飞溅。

3. 操作要领　要将原料放在砧板里侧，操作时刀柄位置要在砧板之外，不能在砧板里侧，否则影响成品质量和操作速度。

4. 适用原料　该法适用于植物性的脆性原料，如马蹄、黄瓜、小萝卜、青椒、葱、姜、蒜等。

5. 注意事项　操作时持刀要稳，用腕力控制下刀力度，既要拍得准，又要不使原料飞溅。

任务检验

一、选择题（将正确答案填入对应的括号中）

1. 拍的操作中，将需要拍的原料用左手放在砧板表面的（　　）。

A. 右边　　B. 外侧　　C. 里侧　　D. 以上都不对

2. 拍这一刀法适用于加工（　　）等原料。

①马蹄　②黄瓜　③小萝卜　④排骨　⑤姜

A. ①②④⑤　　B. ①②③⑤

C. ①③④⑤　　D. ②③④⑤

3. 下列有关拍的说法不正确的是（　　）。

A. 拍只适用于动物性的韧性原料

B. 右手持刀，刀身端平，将刀抬起，用力向下将原料拍扁、拍松、拍碎

C. 操作时持刀要稳，用腕力控制下刀力度，既要拍得准，又要不使原料飞溅

D. 要将原料放在砧板里侧，操作时刀柄位置要在砧板外，不能在砧板里侧，否则影响成品质量和操作速度

二、判断题（正确的画“√”，错误的画“×”）

1. 在拍制原料时，应根据原料的性质调整下刀力度，避免将原料拍烂。（　　）

2. 通过拍法可使脆性原料易于入味，可使韧性原料，如肉质疏松鲜嫩。（　　）

参考答案

任务拓展

日常生活中通过拍一些蒜和姜等原料，加强对拍法的掌握。

评价标准

拍的操作技能评价标准见表 2-20。

表 2-20　拍的操作技能评价标准

姓名：　　　　学号：　　　　成绩：

序号	评价项目	评价内容	评价结果		
			自评（30%）	同学评价（30%）	教师评价（40%）
1	职业素养	着装和个人卫生符合岗位要求（10 分）			
2	安全意识	操作时按照规范要求，使用刀具和加工所需的工具（20 分）			
3	操作技能	站姿、握刀方法、左右手配合是否规范，刀法是否熟练（20 分）			
		成品是否符合标准，大小均匀，自然散开，不粘连（30 分）			
		出料率是否达标，完成任务是否超时（20 分）			

Note

子任务三 削

操作概述

削是指用刀将原料的外皮或老根除去的一种刀法，用此法也可将原料直接削成片状或滚刀块。

小张实习所在的一家酒店开展了一年一度的刀工技能大赛，参赛选手需在 8 分钟内完成 2 个土豆 250 g 的切丝，要求用菜刀完成削皮、下片和切丝等操作，最后由厨师长对选手削皮的损耗程度和切丝的规格进行评分。

任务实施

1. 准备工作

（1）形象准备　着工作服、戴工作帽，做好个人卫生。

（2）环境准备　检查工作环境，保障设备、设施处于正常工作状态，做好环境的清洁整理及检查工作。

（3）工具准备　根据岗位需求，准备干净的工具，为有序、高效开展工作做好准备。

（4）原料准备　根据工作任务选择足够原料，为完成任务做好准备。

2. 操作方法

（1）原料去皮　左手拿稳原料，右手持刀将刀刃对准原料被削部位，一刀一刀地平削下去，直至将皮削干净，即直刀切和拉刀切的下刀动作，见图 2-22(a)。

（2）原料成块或成片状　左手拿稳原料，一边用刀削，一边转动原料（有的原料不需要转动），直至把原料削完为止，见图 2-22(b)；而削薄一点、无须转动的则呈片状。

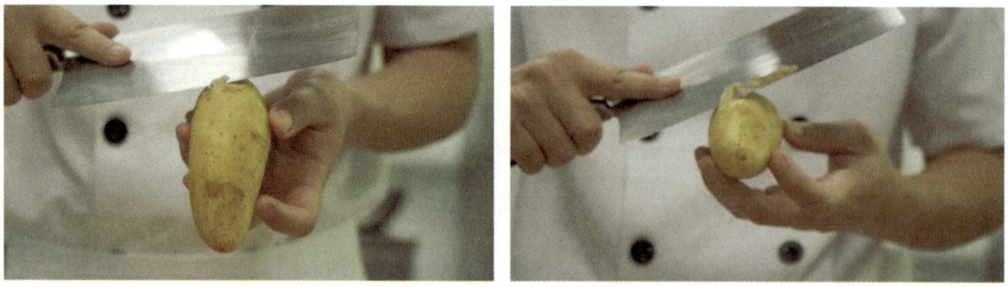

(a)　(b)

图 2-22　削土豆

3. 操作要领　左手要拿稳原料，手指握料的位置要距离被削位置远一点，以免伤手；根据原料外形特征，掌握好削皮的厚薄；要全神贯注，看准部位，变换角度削时，左手要抓牢，防止打滑，以免碰伤手指；若加工较大的去皮原料，应放在砧板上，用左手扶稳再操作，如冬瓜、南瓜、葫芦等。

4. 适用原料　适用于需去皮、去根的植物原料，如冬瓜、土豆、山药、苤蓝等；适用于加工成块状的植物原料，如茄子、青椒、黄瓜、萝卜等。

5. 注意事项

①削皮过程中刀要贴近原料表皮，控制好下刀的间距，避免削皮过厚导致浪费。

②针对原料不同性质，决定削皮的厚度。

参考答案

任务检验

一、选择题（将正确答案填入对应的括号中）

1. 使用削法对较大的原料去皮，应放在（　　）上，用左手扶稳再操作，防止掉落或者伤到手。

A. 工作台　　B. 砧板　　C. 手　　D. 以上都不对

2. 削这一刀法适用于加工（　　）等原料。

①茄子　②黄瓜　③萝卜　④蒜头　⑤青椒

A. ①②④⑤　　B. ①②③⑤　　C. ①③④⑤　　D. ②③④⑤

3. 下列有关削的说法不正确的是（　　）。

A. 左手要拿稳原料，手指握料的位置要距离被削位置远一点，以免伤手

B. 根据原料大小，把握好削皮的厚薄

C. 要全神贯注，看准部位，变换角度削时，左手要抓牢，防止打滑，以免碰伤手指

D. 削皮过程中刀要贴近原料表皮，控制好下刀的间距，避免削皮过厚导致浪费

二、判断题（正确的画"√"，错误的画"×"）

1. 削法在操作中只要将原料皮去干净即可，对削去表皮的厚度没有其他要求。（　　）

2. 针对原料不同性质，决定削皮的厚度。（　　）

任务拓展

多进行用菜刀给土豆削皮的训练，能更好地掌握削这一技能。

评价标准

削的操作技能评价标准见表 2-21。

表 2-21　削的操作技能评价标准

姓名：　　　　学号：　　　　成绩：

序号	评价项目	评价内容	评价结果		
			自评（30%）	同学评价（30%）	教师评价（40%）
1	职业素养	着装和个人卫生符合岗位要求（10 分）			
2	安全意识	操作时按照规范要求，使用刀具和加工所需的工具（20 分）			
3	操作技能	站姿、握刀方法、左右手配合是否规范，刀法是否熟练（20 分）			
		成品是否符合标准，厚薄均匀一致（30 分）			
		出料率是否达标，完成任务是否超时（20 分）			

Note

项目三
刀工工艺形态与加工方法

项目三

【项目描述】

刀工工艺形态也称为原料成形，就是根据菜肴特点和烹调需要，灵活运用各种刀法，将烹饪原料加工成形态各异，适于烹调、食用又美观的原料形状。其包含基本工艺形态与花刀工艺形态，基本工艺是指运用切、砍、片等刀法将原料加工成较为常见的几何体，主要有以下 11 种：块、片、丝、条、段、丁、粒、末、蓉、泥、球。花刀工艺是在原料上剞出刀纹而达到美化菜肴、利于加热烹调的综合应用型刀法。花刀工艺程序复杂，技术难度较高，经常用于鱼类等大型原料，可以辅助菜肴入味；增加受热面积，帮助原料快速成熟；可以美化菜肴的造型，丰富菜肴质感。花刀工艺形态主要有以下几种：十字形、菊花形、麦穗花形、蓑衣花形等。

【项目目标】

刀工工艺形态，行业叫法为刀口，是指烹饪原料或半成品经过切割等刀工处理后，所形成的各种不同形状。运用切法、片法、剞刀法、劈刀法、剁刀法和其他刀法等将烹饪原料或半成品进行切割，得到配菜所需的块、片、丝、条、段、丁、粒、末、蓉等不同规格的主辅料、配料以及料头等。本项目将具体讨论刀工工艺形态以及在实际工作中的应用。通过本项目的学习，需掌握以下几点。

- 运用各种不同的刀法将原料加工成特定的形状。
- 运用磨刀技术并掌握磨刀的注意事项。
- 掌握基本工艺、花刀工艺的概念和种类。
- 正确理解和掌握成形方法。
- 通过对原料成形的认识，激励自己在未来的工作岗位上展示职业风采。
- 明确刀工工艺形态对菜肴的重要性，树立工作场所的安全意识。
- 养成良好的磨刀操作行为习惯。
- 培养吃苦耐劳的劳动精神，坚持不懈的钻研精神。

任务一

加工块、片、丝、条、段

任务描述

基本工艺是指运用切、剞、砍、片等刀法将原料加工成较为常见的几何体的一类技术。基本工艺形态主要有以下 11 种:块、片、丝、条、段、丁、粒、末、蓉、泥、球。

任务导入

又到一年博鳌亚洲论坛,海南省琼海市某酒店参与接待参加博鳌亚洲论坛的各国官员。酒店总经理、餐饮总监和行政总厨等管理人员就接待博鳌亚洲论坛参会人员的菜单进行沟通后,确定了菜肴出品的具体要求,并把此项工作交给了行政副总厨负责。其组织厨房相关人员协作、多次试菜后确定了菜单菜肴的配菜标准,包括主辅料、配料所运用的刀法、加工规格和重量,以及搭配的料头。在这些菜肴刀工处理的过程中,具体应用了哪些刀工工艺形态呢?具体的刀法和配菜要求是怎样的?

任务目标

①了解基本工艺的概念及其分类。

②掌握块、片、丝、条、段的成形方法与规格要求。

③掌握基本工艺在实践中适用的原料范围。

④针对不同的配菜及刀工工艺形态要求应用不同的刀法。

⑤分析配菜、刀法和刀工工艺形态的匹配问题,并进行必要调整。

⑥树立良好的安全意识,养成良好的安全操作习惯,培养良好的职业素养。

子任务一 块的成形方法与规格

块的成形方法与规格

任务实施

块是烹调加工过程中较为常用的工艺形态,通常是加工体形较大的原料,需运用切、剞、砍等方法加工而成。

1. 块的成形方法

（1）切法　对于质地较为松软、脆嫩无骨的原料，一般都采用切法使其成块，例如，蔬菜类可以直切，已去骨、去皮的各种肉类可以用推切或推拉切的方法切成各种块形。对于较小的原料可直接切制成块，而大型原料则需要将原料改刀成宽窄、厚薄一致的条后再切成块，从而保证最后切出的块大小均匀，见图 3-1、图 3-2。

图 3-1　长方块的莴笋

图 3-2　胡萝卜滚料块

（2）砍法或斩法　对于质地坚硬、带皮带骨的原料，一般选用砍法或斩法使其成块，如各种带骨的鸡、鸭、猪排骨、鱼等，并尽量保证原料成形大小一致，见图 3-3、图 3-4。

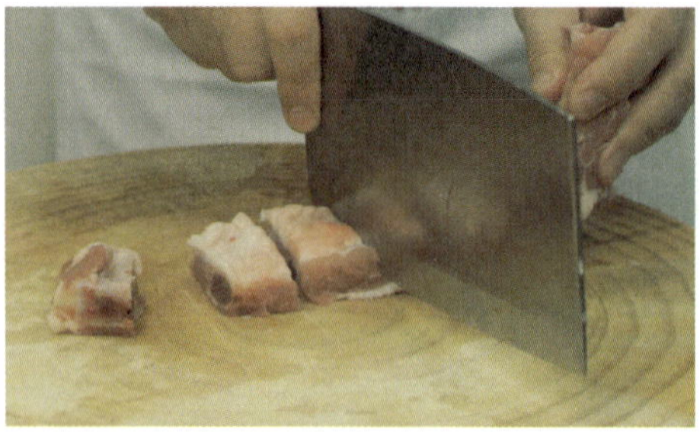

图 3-3　猪排骨块

图 3-4　草鱼块

块的种类很多，日常使用的有菱形块、长方块、滚料块、梳子块等，一般多用于烧、炖、焖等烹调方法。

2. 块的成形规格

（1）菱形块

①规格：菱形块的对角线长约 4 cm，厚 1～1.5 cm，见图 3-5。

②切法：原料先加工成宽约 2.3 cm、厚约 2 cm 的长条，再从长条一端直刀切下（刀刃与原料底边成 30°夹角），平行移动刀身约 2 cm，再直刀切下，形成对角线长约为 4 cm 的菱形块。

③用途：多用于脆性植物原料成形，在烧、烩等菜肴中经常使用。

（2）长方块

①规格：形如骨牌，故也称骨牌块，长约 4 cm，宽约 2.5 cm，厚 1.2～1.5 cm，见图 3-1。

②切法：按厚度加工成大片，再按规定长度改刀成段，最后加工成块。

③用途：多用于脆性动植原料成形，如烫油鸭子中的鸭块。

（3）滚料块

①规格：长 3～4 cm 的两头小而尖的不规则三角块，见图 3-2。

②切法：原料平放在砧板上，运用滚刀法，刀刃与原料底边成 45°夹角，直刀切下顶端一块，每滚动原料一次就切一刀。滚动幅度越大，块形越大。

③用途：多用于脆性植物原料，如青笋烧鸡中的莴笋块。

(4)梳子块

①规格：刀刃与原料底边成 30°夹角，切法同滚料块。经滚料切后成形如梳子背的多棱形(多面体)原料，长约 3.5 cm，背厚约 0.8 cm，断面呈楔形，见图 3-6。

图 3-5 菱形块的莴笋

图 3-6 梳子块

②切法：滚料的角度较滚料块切时滚动的角度小，因而加工后的原料体薄、形小，形如梳子背。

③用途：多用于青笋、胡萝卜等烹饪原料的成形。

任务检验

参考答案

一、选择题(将正确答案填入对应的括号中)

1. 团结协作是指相互为对方着想，相互配合，还包括(　　)、共同提高的要求。

A. 相互协调　　B. 互敬互学　　C. 乐于奉献　　D. 品德高尚

2. 菱形块又称为(　　)。

A. 长方块　　B. 四方块　　C. 象眼块　　D. 长条块

3. 刀工主要是对完整原料进行分解切割，使之成为组配菜肴所需要的(　　)。

A. 原料　　B. 丝、片、块等　　C. 主料　　D. 基本形体

二、判断题(正确的画"√"，错误的画"×")

1. 粗约 0.5 cm，长 3.5～4.5 cm，因粗如竹筷，故又称筷子丝。(　　)

2. 对于质地较为松软、脆嫩无骨的原料，一般采用切的刀法，使其成块，例如，蔬菜类可以直切，已去骨、去皮的各种肉类可以用推切或推拉切的方法切成各种块形。(　　)

任务拓展

准备一些蔬菜和肉类烹饪原料，运用切、砍或斩、削等多种方法进行刀工工艺形态的练习，并确保练习后烹饪原料的刀工工艺形态符合要求。

评价标准

块的刀工工艺形态操作技能评价标准见表 3-1。

表 3-1　块的刀工工艺形态操作技能评价标准

姓名：　　　　　　　　　　学号：　　　　　　　　　　成绩：

序号	评价项目	评价内容	评价结果		
			自评（30%）	同学评价（30%）	教师评价（40%）
1	职业素养	着装和个人卫生符合岗位要求（10 分）			
2	安全意识	操作时按照规范要求，使用刀具和加工所需的工具（20 分）			
3	操作技能	站姿、握刀方法、左右手配合是否规范，刀法是否熟练（20 分）			
		刀工处理后块的规格是否符合标准，大小均匀、长短一致、整齐划一（30 分）			
		出料率是否达标，完成任务是否超时（20 分）			

子任务二　片的成形方法与规格

片的成形方法与规格

任务实施

片一般用直刀法或平刀法加工而成。将原料加工成片状时，要根据其性质选择相应的刀法。脆性原料一般采用直切，韧性原料一般采用推切、拉切，质地坚硬或松散易碎的原料采用锯切，小而薄的原料采用片法。动物原料在切片前，应先去皮、去骨、去筋，以保证运刀自如及成形规格，植物原料应先去皮、去籽等。

1. 片的成形方法　切适用于蔬菜等细嫩原料的成形，而片适用于质地较松软、直切不易切整齐或本身较薄的原料的成形。

片的规格、厚薄应根据烹调要求和原料质地决定，一般质地嫩、易碎的原料应厚些；质地坚硬、有韧性或脆性的原料应薄些；旺火速成的菜肴，原料应薄些；加热时间较长的菜肴，原料应厚些。

2. 片的成形规格

片的形状很多，常见的有长方片、菱形片、柳叶片、月牙片、指甲片、夹刀片、牛舌片等。各种片的成形规格、成形方法及适用原料的详细内容如下。

（1）长方片

①规格：厚度 0.1～0.3 cm，长度 3～10 cm，宽度 2～3.5 cm，具体大小根据菜肴要求决定，见图 3-7。

②切法：先按规格将原料加工成条、段或块，再按要求加工成片状。

③用途：适用于脆性或软性原料，如土豆、萝卜、黄瓜、豆腐等。

（2）菱形片

①规格：菱形片的对角线长约 5 cm，厚 0.2 cm。菱形片又称斜方片，见图 3-8。

图 3-7　长方片豆腐

图 3-8　菱形片胡萝卜

②切法：有两种切法，一是将原料按规格加工成菱形块，切或片成菱形片；二是将原料加工成长方片，再斜切成菱形片。

③用途：多用于植物类嫩脆原料，如莴笋肉片中的莴笋片、木耳炒山药中的山药片。

(3)柳叶片

①规格：长度 5～6 cm，厚度 0.1～0.3 cm，形状薄而细长，状如柳叶，见图 3-9。

②切法：将圆柱形原料顺着长边从中间切开，再斜切成柳叶片。

③用途：适用于圆柱形的脆性原料，如胡萝卜、莴笋、猪肝等。

(4)月牙片

①规格：原料成形后呈半圆形，厚度 0.1～0.3 cm，见图 3-10。

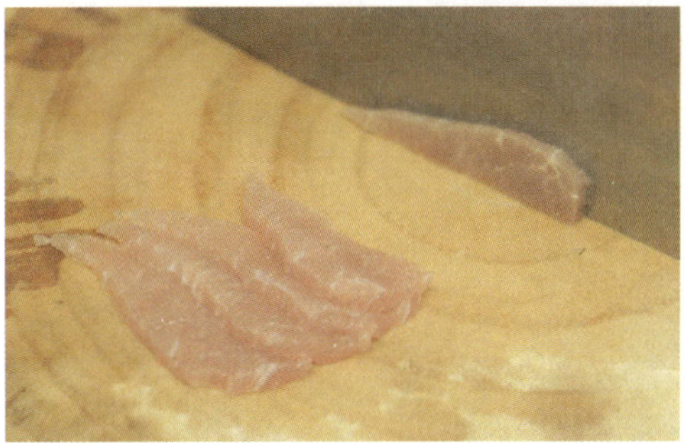

图 3-9　柳叶片猪肉

图 3-10　月牙片黄瓜

②切法：将球形或圆柱形的原料从中间切开，再改切成半圆形的片。

③用途：适用于球形或圆柱形的脆性原料，如胡萝卜、莴笋、黄瓜、山药等。

(5)指甲片

①规格：厚度 0.2 cm，形如指甲的正方片，见图 3-11。

②切法：将原料加工成正方条，再切成片。

③用途：适用于脆性或软性原料，如生姜、蒜、豆腐等。

(6)夹刀片

①规格：规格较多，根据菜肴和原料而定，有长方形、半圆形、圆形等，一般两片合在一起的厚度约 0.4 cm，见图 3-12。

②切法：将原料修整后，运用切或片的刀法，两刀一断，加工成两片连在一起的片状。

③用途：适用于脆性或韧性无骨的原料，如茄子、藕、鱼肉等。

图 3-11　指甲片土豆

图 3-12　夹刀片黄瓜

（7）牛舌片

①规格：片薄而长，形如牛舌，长度 10～17 cm，宽度 2.5～3.5 cm，厚度 0.06～0.1 cm，见图 3-13。

图 3-13　牛舌片莴笋

②切法：将原料修整成长方块，再片成片状。

③用途：适用于脆性原料，如黄瓜、莴笋等。

参考答案

任务检验

一、选择题（将正确答案填入对应的括号中）

1. 职业道德调整人们利益关系的意义在于：只有确实为（　　）着想和服务，才能获取自身的利益。

A. 行业　　B. 消费者　　C. 自身　　D. 企业

2. 正斜刀法一般适用于软嫩而（　　）的原料。

A. 弹性　　B. 脆性　　C. 硬性　　D. 韧性

3. 常见的片的刀工工艺形态有（　　）等。

①长方片　②菱形片　③夹刀片　④桑叶片　⑤指甲片

A. ①②④⑤　　B. ①②③⑤　　C. ①③④⑤　　D. ②③④⑤

4. 下列有关片的刀工工艺形态的说法不正确的是（　　）。

A. 一般质地嫩、易碎的原料应厚些；质地坚硬、有韧性或脆性的原料应薄些

B. 旺火速成的菜肴，原料应片厚些；加热时间较长的菜肴，原料应片薄些

C. 菱形片的长对角线约 5 cm，厚约 0.2 cm，又称斜方片

D. 夹刀片是将原料修整后，运用切或片的刀法，两刀一断，加工成两片连在一起的片状

二、判断题（正确的画“√”，错误的画“×”）

1. 柳叶片适用于球形或圆柱形的脆性原料，如胡萝卜、莴笋、黄瓜、山药等。 （ ）

2. 加工菱形片有两种方法，一是将原料按规格加工成菱形块，切或片成菱形片；二是将原料加工成长方片，再斜切成菱形片。 （ ）

任务拓展

准备一些蔬菜和肉类烹饪原料，运用片、切等刀法进行刀工工艺形态的练习，并确保加工后的原料形态符合要求。

评价标准

片的刀工工艺形态操作技能评价标准见表 3-2。

表 3-2 片的刀工工艺形态操作技能评价标准

姓名： 学号： 成绩：

序号	评价项目	评价内容	评价结果		
			自评（30%）	同学评价（30%）	教师评价（40%）
1	职业素养	着装和个人卫生符合岗位要求（10 分）			
2	安全意识	操作时按照规范要求，使用刀具和加工所需的工具（20 分）			
3	操作技能	站姿、握刀方法、左右手配合是否规范，刀法是否熟练（20 分）			
		刀工处理后片的规格是否符合标准，厚薄均匀、长短一致、整齐划一（30 分）			
		出料率是否达标，完成任务是否超时（20 分）			

子任务三 丝的成形方法与规格

任务实施

丝的成形方法与规格

根据不同烹饪要求，丝有粗细、长短之分，但所切成的丝必须均匀、整齐划一。丝一般适用于煮、氽、烩、炒、炸等。一般要求做配料的丝不能过细，否则容易烧焦；做主料的丝，切得太细也会影响嫩度。对于动物原料来讲，切丝要注意纹路。根据原料性质和烹调的需要，切丝可分为顺切、横切、斜切 3 种，如牛肉筋腱多，并且筋是顺着肉的纹路夹在中间的，如果顺着纹路切，筋腱就不会断，炒后筋腱收缩肉质变老，必须顶着纹路切；猪肉的筋腱较细并且要嫩于牛肉，必须斜着纹路切；鸡肉、鱼肉由于质地较嫩可顺着纹路切。

1. 丝的成形方法 丝的成形方法一般是先将原料加工成薄片，再改刀成丝。片的长短决定

Note

了丝的长短，片的厚薄决定了丝的粗细。加工后的丝要粗细均匀、长短一致、不连刀、无碎粒。在具体操作过程中应注意以下几点。

①按丝的不同规格要求，将原料加工成长短一致、厚薄均匀的片状，以保证加工后的丝长短一致、粗细均匀。

②对加工成片状的原料，选择恰当的排叠方法及高度是提高切丝速度和质量的关键。常用的排叠方法有以下 3 种。

a. 瓦楞形叠法：将加工好的原料薄片依次排叠成瓦楞形，见图 3-14。这种叠法在切丝过程中较为常用，其操作简单，容易掌握，速度较快，不易倒塌，因此大部分原料都可用这种叠法切丝，如肉丝、鱼丝、鸡丝等。

b. 层叠形叠法：将加工好的原料薄片自下而上一片一片排叠起来，见图 3-15。这种叠法的优点是排叠整齐，加工的丝长短粗细比较均匀；缺点是切到最后容易倒塌，所以不宜叠得过高。这种叠法适用于形状比较规则的脆性或软性原料切丝，如豆腐干、萝卜等。

图 3-14 瓦楞形叠土豆片

图 3-15 层叠形叠胡萝卜片

c. 卷筒形叠法：将片形大而薄的原料一片一片先放平排叠整齐，卷成筒状，再切成丝，如海带、蛋皮等，见图 3-16。

③左手按稳原料，使其不能滑动，以保证切出的丝粗细均匀。

④根据原料的性质决定顺切、横切或斜切。动物原料有老有嫩，对于肌肉纤维长而老、筋腱较多的原料应横切成丝，以切断肌肉纤维，如牛肉横切、猪肉斜切、鸡胸肉顺切等。

⑤根据原料性质及烹调要求确定丝的粗细。质韧而老的原料应切得粗一些；用于汆、煮等烹调方法的丝，应切得细一些；用于炸、炒等烹调方法的丝，应切得粗一些。

按成形的粗细，丝一般分为头粗丝、二粗丝、细丝、银针丝，见图 3-17。

图 3-16 卷筒形叠豆腐皮

图 3-17 不同规格的莴笋丝

2. 丝的成形规格

(1)头粗丝

①规格：长 8～10 cm、粗约 0.4 cm 见方，见图 3-18。

②切法：先将原料加工成 10 cm 长的长方块再将长方块切成厚 0.4 cm 的片，再切成 0.4 cm 粗的丝。

③用途：如切芹菜、韭黄、鱼丝等原料。

(2)二粗丝

①规格：长 8～10 cm、粗约 0.3 cm 见方，见图 3-19。

图 3-18　莴笋头粗丝

图 3-19　莴笋二粗丝

②切法：将 10 cm 长的长方块原料切成厚 0.3 cm 的片，再切成 0.3 cm 粗的丝。

③用途：如大多炒菜中所用的肉丝。

(3)细丝

①规格：长 6～8 cm、粗约 0.2 cm 见方，见图 3-20。

②切法：将 8 cm 长的长方块原料切成厚 0.2 cm 的片，再切成 0.2 cm 粗的丝。

③用途：如芥末肚丝中的猪肚丝、红油黄丝中的大头菜丝等。

(4)银针丝

①规格：形似银针样的丝，长 4～6 cm、粗约 0.1 cm 见方，见图 3-21。

图 3-20　莴笋细丝

图 3-21　莴笋银针丝

②切法：将长方块原料切成厚 0.1 cm 的片，再跳切成 0.1 cm 粗的丝。

③用途：如京酱肉丝中的葱丝、清蒸鱼中的生姜丝、葱丝。

3. 适用范围　适用于加工成丝的原料较多，无骨的脆性、韧性和软性原料均可。

任务检验

一、选择题(将正确答案填入对应的括号中)

1. 职工具有良好的(　　)有利于增强企业的凝聚力，促进企业发展。

Note

A. 职业道德　　B. 技能水平　　C. 文化水平　　D. 工作业绩

2. 平刀法一般适用于(　　)原料。

A. 圆形　　B. 糕状　　C. 加工　　D. 软嫩

3. 细约 0.15 cm，长 4.5～5.5 cm，称之为“(　　)”。

A. 韭菜丝　　B. 绒线丝　　C. 鸡丝　　D. 火柴梗子丝

二、判断题(正确的画“√”，错误的画“×”)

1. 跳刀切丝只适用于脆性原料，软性原料不能采用此刀法。(　　)

2. 丝的成形方法一般是先将原料加工成薄片，再改刀成丝。片的长短决定了丝的长短，片的厚薄决定了丝的粗细。(　　)

参考答案

任务拓展

准备一些蔬菜和肉类原料，运用片、切等刀法进行切丝的刀工工艺形态的练习，并确保加工后的丝的刀工工艺形态符合要求。

评价标准

丝的刀工工艺形态操作技能评价标准见表 3-3。

表 3-3　丝的刀工工艺形态操作技能评价标准

姓名：　　学号：　　成绩：

序号	评价项目	评价内容	评价结果		
			自评(30%)	同学评价(30%)	教师评价(40%)
1	职业素养	着装和个人卫生符合岗位要求(10 分)			
2	安全意识	操作时按照规范要求，使用刀具和加工所需的工具(20 分)			
3	操作技能	站姿、握刀方法、左右手配合是否规范，刀法是否熟练(20 分)			
		刀工处理后丝的规格是否符合标准，粗细均匀、长短一致、整齐划一(30 分)			
		出料率是否达标，完成任务是否超时(20 分)			

条、段的成形方法与规格

子任务四　条、段的成形方法与规格

任务实施

1. 条的成形方法　条一般适用于无骨的动物原料或植物原料。它的成形方法主要是先将原料片或切成厚片，再改刀而成。条的粗细取决于片的厚薄，条的两头应呈正方形。按粗细长短的不同，条一般可分为大一字条、小一字条、筷子条、象牙条等，见图 3-22。

Note

2. 条的成形规格

（1）大一字条

①规格：长 6～7 cm、粗 1.3～1.6 cm 见方的条，见图 3-23。

②切法：将原料先加工成约 7 cm 长的长方块，再切成 1.4 cm 厚的片，最后切成 1.4 cm 粗的条。

③用途：如莴笋烧肚条中的莴笋条。

图 3-22　不同规格的胡萝卜条

图 3-23　胡萝卜大一字条

（2）小一字条

①规格：长约 5 cm、粗约 1 cm 见方的条，见图 3-24。

②切法：将 5 cm 长的长方块原料切成 1 cm 厚的片，再切成 1 cm 粗的条。

③用途：如家常烧仔鸡中的冬笋条。

（3）筷子条

①规格：长 3～4 cm、粗 0.5～0.7 cm 见方、形如筷子头的条，见图 3-25。

②切法：将长方块原料切成 0.5 cm 厚的片，再切成 0.5 cm 粗的条。

③用途：适用于脆性的植物原料，如小煎鸡中的莴笋条。

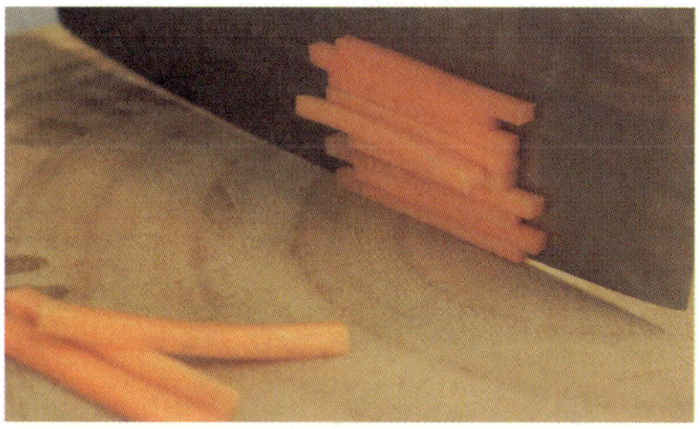

图 3-24　胡萝卜小一字条

图 3-25　胡萝卜筷子条

（4）象牙条

①规格：长 5～8 cm，截面一端呈三角形，形似象牙。

②切法：加工时先将原料切成 0.8～1 cm 的厚片，再切成三菱柱形条。

③用途：适用于植物原料，如冬笋、莱头等。

3. 适用范围　适用于无骨的动物或植物原料。

4. 段的成形规格、方法和适用原料

（1）成形规格　将柱形原料横截成小节称为段。段的长度有一定规格，一般分为 3.0 cm、

4.0 cm、4.5 cm 三种，见图 3-26。

图 3-26　三种不同规格的蒜薹段

(2)成形方法　段一般运用直刀法、斜刀法加工而成，根据采用刀法的不同，可将段分为直刀段和斜刀段，见图 3-27。

图 3-27　蒜薹直刀段和斜刀段

(3)适用原料　适用于加工韧性原料和脆性原料，如带鱼、黄鳝、葱、蒜薹等。

参考答案

任务检验

一、选择题(将正确答案填入对应的括号中)

1. 职业道德对人的(　　)起决定性作用。

A. 道德素质　　B. 思想水平　　C. 政治素质　　D. 业务水平

2. 锯切是推切和(　　)的结合。

A. 拉切　　B. 铡切　　C. 剁　　D. 直切

3. 制作蒜香排骨时，一般将排骨改刀成(　　)长的段。

A. 2 cm　　B. 3 cm　　C. 4 cm　　D. 6 cm

4. 下列有关条、段的刀工工艺成形的说法不正确的是(　　)。

A. 条一般适用于无骨的动物原料或植物原料，其成形主要先将原料片或切成厚片，再改刀而成

B. 条的粗细取决于片的厚薄，条的两头应呈圆形

C. 按粗细长短的不同，条一般可分大一字条、小一字条、筷子条、象牙条等

D. 段一般运用直刀法、斜刀法加工而成，根据采用刀法的不同，可将段分为直刀段和斜刀段

二、判断题(正确的画"√"，错误的画"×")

1. 将柱形原料横截成小节称为段，其长度有一定的规格，一般分为 3.5 cm、4.5 cm、5.5 cm、7.5 cm 四种。(　　)

2. 小一字条的规格是长 6～7 cm、粗 1.3～1.6 cm 见方。(　　)

任务拓展

准备一些蔬菜和肉类烹饪原料，运用片、切等刀法进行条、段的刀工工艺形态的练习，并确保加工后的条、段的刀工工艺形态符合要求。

评价标准

条、段的刀工工艺形态操作技能评价标准见表 3-4。

表 3-4　条、段的刀工工艺形态操作技能评价标准

姓名：　　　　学号：　　　　成绩：

序号	评价项目	评价内容	评价结果		
			自评(30%)	同学评价(30%)	教师评价(40%)
1	职业素养	着装和个人卫生符合岗位要求(10 分)			
2	安全意识	操作时按照规范要求，使用刀具和加工所需的工具(20 分)			
3	操作技能	站姿、握刀方法、左右手配合是否规范，刀法是否熟练(20 分)			
		刀工处理后条、段的规格是否符合标准，粗细均匀、大小一致、整齐划一(30 分)			
		出料率是否达标，完成任务是否超时(20 分)			

任务二

加工丁、粒、末、蓉、泥、球

任务描述

丁的成形一般是先将原料切成厚片，再将厚片改刀成条，再将条改刀成丁。丁的大小取决于条的粗细。切丁，要力求使其长、宽、高基本相等，形状才美观。粒的成形规格比丁要小些，成形方法与丁相同，也是将原料加工成条后再切成粒。末的大小如小米或油菜籽，一般将原料剁或切细而成。蓉一般是用动物原料加工而成的非常细腻的原料形状。蓉有粗细之分，粗蓉是在末的基础上，再用刀剁制而成；细蓉不仅要用刀刃剁，而且要用刀背排捶或用刀刃刮抹，工艺要求高的还需要用箩筛过滤。泥一般是由植物原料加工而成的非常细腻的原料形状。泥有粗细之分，细泥可用箩筛过滤制成。球一般是在茸或泥的基础上手工挤制成球形或丸状。另外，部分原料如虾、鱿鱼等可加工成球形。

任务导入

近期，海南省三亚市一家高星级酒店正在试营业。中餐厨师李某经朋友引荐，已经是这家酒店粤菜餐厅的砧板厨师，他正在努力适应新的工作环境。一天，厨师长安排给李某开档加工料头的任务，但料头加工进展不顺利，李某加工出来的料头不符合厨师长的标准。厨师长现场给李某进行了在岗培训后，李某完成了料头准备工作，也得到了厨师长的肯定。在这次料头准备工作中，具体应用了哪些刀工工艺呢？具体的刀法和料头标准是怎样的呢？

任务目标

①了解丁、粒、末、蓉、泥、球的概念。

②掌握丁、粒、末、蓉、泥、球成形方法及规格。

③熟练掌握丁、粒、末、蓉、泥、球等基本工艺在实践中的适用原料范围。

④针对不同的刀工工艺形态应用不同的刀工。

⑤分析丁、粒、末、蓉、泥、球等刀工工艺形态、刀法和规格标准的匹配问题，并进行必要调整。

⑥树立良好的安全意识，养成良好的安全操作习惯，培养良好的职业素养。

子任务一　丁的成形方法与规格

任务实施

丁的成形方法与规格

丁是小的方块形，可以直接由条加工而成。丁的大小由烹饪原料加工切条的粗细决定。粗条切成的丁大，细条切成的丁小，可以按烹调需要灵活把握。如按形状分，可分为小方丁、骰子形丁、菱形丁、手指丁等。除了体形过薄或过细无法加工外，多种肉类、蔬菜、水果、海产品等，都可加工成丁。丁的加工比较简单，一般通过批片、切条、改丁 3 道工序即可。但是在加工肉丁时，要注意原料性质，质地较嫩的用拍刀法拍松；结缔组织较好的，在拍松后，再用排的方法，两面剞深而不透的花刀口，使肉丁烹调时易保持嫩度和吸收调料。

丁的形状近似正方体，是运用片、切等刀法，将原料加工成大片后切成条状，再切成正方体形状，丁分为大、中、小三种，见图 3-28。

图 3-28　不同规格的胡萝卜丁

1. 形状名称　有菱形丁、骰子形丁、橄榄形丁等，见图 3-29。

图 3-29　不同形状的胡萝卜丁

2. 成形规格　大丁为 2 cm×2 cm×2 cm 见方，中丁为 1.2 cm×1.2 cm×1.2 cm 见方，小丁

为 0.8 cm×0.8 cm×0.8 cm 见方。

3. 适用原料 丁的适用原料范围较广，凡是有一定厚度的无骨原料、韧性原料、脆性原料、软性原料等均可加工成丁，如鸡丁、鱼丁、笋丁、豆腐丁等。

4. 适用菜例 宫保鸡丁、青椒肉丁、碎米肉丁等。

5. 加工要求 菜肴主料的丁切配要均匀一致，配料的丁要小于主料。质地老硬的动物原料，可先用拍刀法将纤维组织拍松。结缔组织丰富的原料片成大片后，两面排上刀纹，这样有利于肉质疏松，斩断筋络，扩大肉质的表面积，利于吸收水分、原料成熟和调味渗透。

6. 成形方法 先将原料按规格要求切或片成厚片状，再将片改刀成条状，排列整齐后，再改刀成丁。

在将原料加工成丁时要注意：用于主料的丁应大些，用于配料的丁应小些；动物原料因在烹调过程中受热会收缩，故在加工成丁时要略大些，植物原料可略小些；易碎或质地较嫩的原料加工成丁时应大些；结缔组织较多的原料要先排上刀纹再加工成丁；在将不规则的原料加工成丁时，既要注意丁的大小，又要注意形状规则和原料的利用率。

参考答案

任务检验

一、选择题（将正确答案填入对应的括号中）

1. 大丁为规格是（ ）见方。

A. 2 cm×2 cm×2 cm　　B. 1.2 cm×1.2 cm×1.2 cm

C. 0.8 cm×0.8 cm×0.8 cm　　D. 以上都不是

2. 按形状分，丁可分为（ ）等。

①小方丁 ②骰子形丁 ③菱形丁 ④大方丁 ⑤手指丁

A. ①②④⑤　　B. ①②③⑤　　C. ①③④⑤　　D. ②③④⑤

3. 下列有关丁的刀工工艺形态的说法不正确的是（ ）。

A. 丁是小的方形块，可以直接由块加工而成

B. 丁的适用原料范围较广，凡是有一定厚度的无骨原料、韧性原料、脆性原料、软性原料等均可加工成丁，如鸡丁、鱼丁、笋丁、豆腐丁等

C. 菜肴主料的丁切配要均匀一致，配料的丁要小于主料的丁

D. 丁的加工比较简单，一般通过批片、切条、改丁 3 道工序即可

二、判断题（正确的画“√”，错误的画“×”）

1. 条的粗细将决定丁的大小，粗条切成的丁大，细条切成的丁小，可按烹调需要灵活把握。（ ）

2. 易碎或质地较嫩的原料加工成丁时应大些，质地较老的原料要先拍松再加工成丁。（ ）

任务拓展

Note

准备一些蔬菜和肉类烹饪原料，运用片、切等刀法进行切丁的刀工工艺的练习，并确保加工

后的丁的刀工工艺形态符合要求。

评价标准

丁的刀工工艺形态操作技能评价标准见表 3-5。

表 3-5 丁的刀工工艺形态操作技能评价标准

姓名： 学号： 成绩：

序号	评价项目	评价内容	评价结果		
			自评（30%）	同学评价（30%）	教师评价（40%）
1	职业素养	着装和个人卫生符合岗位要求(10 分)			
2	安全意识	操作时按照规范要求，使用刀具和加工所需的工具(20 分)			
3	操作技能	站姿、握刀方法、左右手配合是否规范，刀法是否熟练(20 分)			
		刀工处理后丁的规格是否符合标准，大小均匀、整齐划一(30 分)			
		出料率是否达标，完成任务是否超时(20 分)			

子任务二 粒、末的成形方法与规格

任务实施

粒、末的成形方法与规格

粒和末是由丝切成的，有大小之分，大的粒与黄豆大小相仿，中等的粒近似绿豆大小，小的粒近似大米，见图 3-30。加工粒的方法和加工丁相同。一般带有韧性的原料，都可以改刀成粒。末是最小的粒，由丁、粒再进行加工切小，或者剁碎而成。其形状、大小与芝麻或小米相仿。

图 3-30 三种不同规格的胡萝卜粒

Note

1. 粒

(1)成形规格　粒是小于丁的正方体，规格有大、中、小三种。大粒为 0.5 cm 见方，近似黄豆大小，故又称黄豆粒，见图 3-31(a)；中粒为 0.3 cm 见方，近似绿豆大小，故又称绿豆粒，见图 3-31(b)；小粒为 0.2 cm 见方，近似大米大小，故又称米粒。

(a)

(b)

图 3-31　胡萝卜大粒和中粒

(2)成形方法　粒的加工方法与丁相似，先将原料按规格要求切或片成片状，再将片改刀成条或丝，排列整齐后，再改刀成粒。条或丝的粗细决定了粒的大小，因此粒的成形要求较高。

(3)适用原料　粒的适用原料与丁相同，加工成粒的原料常用作配料或调料，如肉粒、火腿粒、葱白粒等。

2. 末

(1)成形规格　末比粒更细小，形状一般不规则，见图 3-32。

图 3-32　蒜末

(2)成形方法　可运用剁的方法将原料剁成末，如蒜末等。

先将原料加工成片，再将片切成丝，将丝切成粒，最后剁成末，如鱼末、鸡肉末等。或先将原料加工成薄片，再将片改刀成丝，再将丝切成末，如姜末、火腿末等。

(3)适用原料　末的适用原料与粒相同，加工成末的原料常用作配料或调料，如肉末、姜末等。

参考答案

任务检验

一、选择题(将正确答案填入对应的括号中)

1. 铡切一般适用于小型颗粒状和(　　)原料。

A. 滑嫩　　B. 脆性　　C. 带薄壳　　D. 丝状

2. 条或丝的粗细决定了粒的大小,因此粒的成形要求(　　)。

A. 最高　　B. 最低　　C. 较高　　D. 以上都不对

3. 下列有关粒、末刀工工艺成形的说法不正确的是(　　)。

A. 粒是由丝切成的,有大小之分,大的粒约与黄豆大小相仿,小的粒近似大米

B. 加工粒的方法和加工丁的方法完全不同

C. 中粒为 0.3 cm 见方,近似绿豆大小,故又称绿豆粒

D. 末的适用原料与粒相同,加工成末的原料常用作配料或调料

二、判断题(正确的画"√",错误的画"×")

1. 加工粒时,先将原料按规格要求切或片成片状,再将片改刀成条或丝,排列整齐后,再改刀成粒。　(　　)

2. 粒是小于丁的正方体,规格有大、中、小、微小四种。　(　　)

任务拓展

准备一些蔬菜和肉类烹饪原料,运用片、切等刀法进行切粒、切末的刀工工艺形态的练习,并确保加工后的粒、末的刀工工艺形态符合要求。

评价标准

粒、末的刀工工艺形态操作技能评价标准见表 3-6。

表 3-6　粒、末的刀工工艺形态操作技能评价标准

姓名：　　　　学号：　　　　成绩：

序号	评价项目	评价内容	评价结果		
			自评(30%)	同学评价(30%)	教师评价(40%)
1	职业素养	着装和个人卫生符合岗位要求(10 分)			
2	安全意识	操作时按照规范要求,使用刀具和加工所需的工具(20 分)			
3	操作技能	站姿、握刀方法、左右手配合是否规范,刀法是否熟练(20 分)			
		刀工处理后粒、末的规格是否符合标准,粗细均匀、大小一致、整齐划一(30 分)			
		出料率是否达标,完成任务是否超时(20 分)			

Note

子任务三 蓉、泥的成形方法与规格

蓉、泥的成形方法与规格

任务实施

蓉和泥的用途一般都是制馅和丸子，所以加工蓉、泥类原料选料要精，制成的蓉、泥要有一定的黏性。一般都是先采用刀背捶，再用刀刃排剁而成。如果是猪肉，肉质一定要嫩，要去皮、去筋，同时肥瘦的比例要适当，一般以瘦肉占60%、肥肉占40%为宜。如果是用鸡肉做蓉，则要选用鸡胸肉；如果是用鱼肉做蓉，则要选择肉质细密的鱼肉。不管用哪一种原料做蓉、泥，都要使用少量的猪板油或肥肉，以增强原料的黏性。蓉和泥，虽然是两种形态，但实际上区别很小，一般来说，蓉再细点就是泥。

1. 蓉

（1）成形规格　蓉一般是用动物原料加工而成的极细腻的原料形态。蓉有粗细之分，粗蓉是在末的基础上，再用刀剁制而成；细蓉不仅要用刀刃剁，而且要用刀背排捶或用刀刃刮抹，工艺要求高的还需要用箩筛过滤，见图3-33。

（2）成形方法　将动物原料去皮、去骨并去除筋膜，加工成片状，用刀背排捶，在排捶过程中剪除暗筋，再用刀刃或刀背反复剁或排捶，见图3-34。

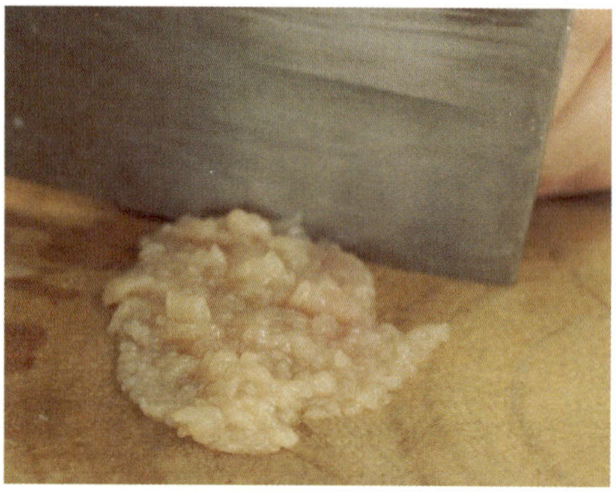

图3-33　鸡肉蓉的规格

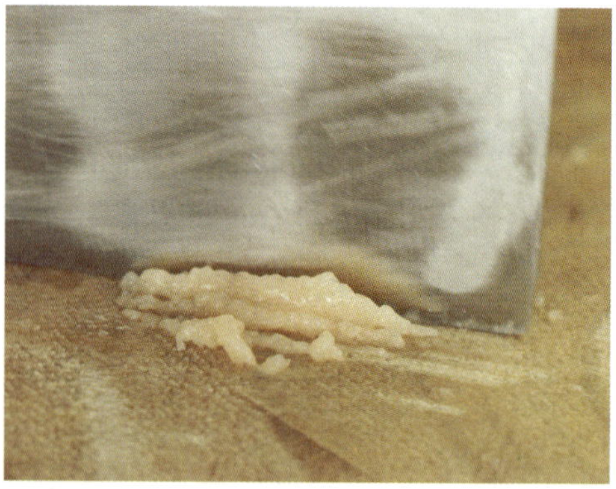

图3-34　鸡肉蓉成形

在加工过程中，为使蓉洁白、细腻、无杂质，可在制蓉原料下垫一张鲜肉皮或使用质量好的砧板。在现代厨房中常用粉碎机加工制蓉，既省时省力，质量又好。

（3）适用原料　适用于加工精选的动物原料，如净瘦肉、净虾肉、净鱼肉等。

2. 泥

（1）成形规格　泥一般是由植物原料加工而成的极细腻的原料形态。泥有粗细之分，细泥可用箩筛过滤，见图3-35。

（2）成形方法　将植物原料进行初步熟处理，去除皮、籽、核、粗筋后，再用木柄铲和密漏配合按刮过滤，或者用刀膛按压成泥状，见图3-36。

图 3-35 土豆泥

图 3-36 土豆泥成形

(3)适用原料 适用于加工淀粉含量高的植物原料，如土豆、芋头、山药、豌豆等。

参考答案

任务检验

一、选择题(将正确答案填入对应的括号中)

1. 蓉、泥有粗细之分，它的分类依据是蓉、泥的(　　)。

A. 弹性　　B. 形状　　C. 颗粒　　D. 口感

2. 加工山药泥前应先采取(　　)处理。

A. 蒸熟　　B. 去皮　　C. 焯水　　D. 浸泡

3. 下列有关蓉、泥的说法不正确的是(　　)。

A. 蓉和泥的用途一般都是制馅和丸子，所以选料要精，制成的蓉、泥要有一定的黏性

B. 如果是用鱼肉做蓉，要选择肉质粗糙的鱼肉

C. 制作猪肉蓉，肉质一定要嫩，要去皮、去筋，同时肥瘦的比例要适当，一般以瘦肉占 60%、肥肉占 40%为宜

D. 泥适用于加工淀粉含量高的植物原料，如土豆、芋头、山药等

二、判断题(正确的画"√"，错误的画"×")

1. 动物烹饪原料的蓉的成形方法是将动物原料去皮、去骨，并去除筋膜，加工成片状，用刀背排捶，在排捶过程中剪除暗筋，再用刀刃或刀背反复剁或排捶。(　　)

2. 如果要用鸡肉做蓉，则要选用鸡腿肉来做。(　　)

任务拓展

准备一些蔬菜和肉类烹饪原料，运用切、剁、斩等方法进行切蓉、泥的刀工工艺形态的练习，并确保练习后烹饪原料的蓉、泥的刀工工艺形态符合操作要求。

评价标准

蓉、泥的刀工工艺形态操作技能评价标准见表 3-7。

表 3-7　蓉、泥的刀工工艺形态操作技能评价标准

姓名：　　　　　　　　学号：　　　　　　　　成绩：

序号	评价项目	评价内容	评价结果		
			自评（30%）	同学评价（30%）	教师评价（40%）
1	职业素养	着装和个人卫生符合岗位要求（10 分）			
2	安全意识	操作时按照规范要求，使用刀具和加工所需的工具（20 分）			
3	操作技能	站姿、握刀方法、左右手配合是否规范，刀法是否熟练（20 分）			
		刀工处理后蓉、泥的规格是否符合标准，粗细均匀、质地均一（30 分）			
		出料率是否达标，完成任务是否超时（20 分）			

子任务四　球的成形方法与规格

球的成形方法与规格

任务实施

球的成形方法一种是在原料制成蓉和泥后再用手把它挤成球或丸状。丸子的大小可以按照烹调的需要制订。球的另一种成形方法则是在原料上划成直的和斜的十字花刀，然后切成小方块或长方块，经过烹制后，原料收缩就会卷成球状，见图 3-37。球状菜肴主要适合鱿鱼、猪腰等原料。

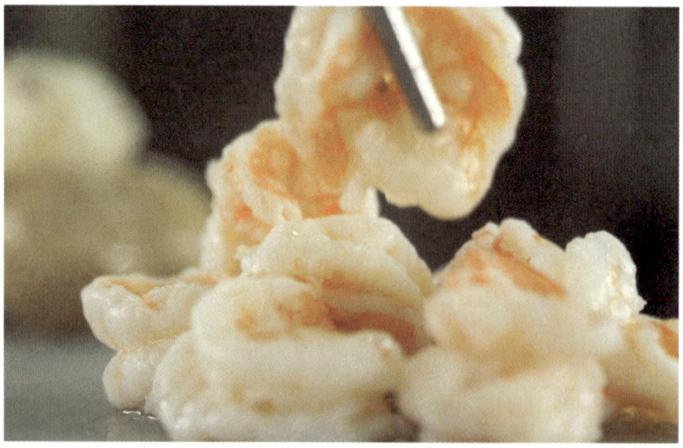

图 3-37　虾球

1. 球的成形规格　圆形球状，其规格大小可根据菜肴需要而制订。

2. 成形方法　球的成形方法有多种，可根据原料性质和菜肴要求灵活选择。除上述介绍的两种外，还可用切的方法先将原料加工成粗段，再切成大方丁，最后削成球状，如萝卜球等；也可用模具加工成球状，如冬瓜球等。

3. 适用原料　适用于加工无骨的动植物原料，如畜肉、禽肉、根茎类蔬菜等。

Note

参考答案

任务检验

一、选择题(将正确答案填入对应的括号中)

1. 加工动物性蓉、泥时应选择(　　)的原料。

A. 脂肪含量高　　B. 结缔组织多

C. 蛋白质含量高　　D. 肉质洁白

2. 最适合加工鸡肉蓉的部位是(　　)。

A. 鸡里脊肉　　B. 鸡大腿肉　　C. 鸡胸肉　　D. 鸡小腿肉

3. 下列有关球的刀工工艺成形说法不正确的是(　　)。

A. 球是在原料制成蓉和泥后再用手把它挤成丸状

B. 制球常用的一种方法是在蓉、泥的基础上手工挤捏而成,如肉丸、鱼丸等

C. 鱿鱼、猪腰等原料不管用什么刀工成形,都制作不出球的工艺形态

D. 蔬菜类球类可以用切的方法先将原料加工成粗段,再切成大方丁,最后削成球状,如萝卜球等

4. 取净鱼肉时可以采用直接取肉法,还可采取(　　)法。

A. 刮取鱼肉　　B. 剔取鱼肉　　C. 熟取鱼肉　　D. 生取鱼肉

二、判断题(正确的画"√",错误的画"×")

1. 加工虾球时可用斩的方法,也可用塌压的方法。(　　)

2. 球的成形方法有多种,可根据原料性质和菜肴要求灵活选择。(　　)

任务拓展

准备一些蔬菜、谷类和肉类烹饪原料,运用剁、斩、塌压、搅碎等方法进行球的刀工工艺形态的练习,并确保加工后的球的刀工工艺形态符合要求。

评价标准

球的刀工工艺形态操作技能评价标准见表 3-8。

表 3-8　球的刀工工艺形态操作技能评价标准

姓名:　　　　学号:　　　　成绩:

序号	评价项目	评价内容	评价结果		
			自评(30%)	同学评价(30%)	教师评价(40%)
1	职业素养	着装和个人卫生符合岗位要求(10 分)			
2	安全意识	操作时按照规范要求,使用刀具和加工所需的工具(20 分)			
3	操作技能	站姿、握刀方法、左右手配合是否规范,刀法是否熟练(20 分)			
		刀工处理后球的规格是否符合标准,大小一致、整齐划一(30 分)			
		出料率是否达标,完成任务是否超时(20 分)			

任务三

加工十字形、菊花形

任务描述

刀工美化是使用混合刀法，在原料表面上剞一些具有一定深度的刀纹，使原料加热后能卷曲成各种美丽的形状。所谓混合刀法，就是直刀法、斜刀法和平刀法等混合使用，又称花刀。花刀在餐饮业及技能大赛中用途广泛，特别是琼菜、粤菜等，厨师用混合刀法加工的原料形状多样，可以美化菜肴造型，丰富菜肴品种，缩短菜肴成熟时间，便于异味挥发，并利于卤汁裹覆。刀法主要用于加工无骨的韧性或韧中带脆的原料，以及整料。剞刀操作的关键是刀纹方向正确，深浅一致，刀距相等、整齐均匀。常用代表花刀有十字形、菊花形。

任务导入

海南省酒店与餐饮行业协会准备在今年开展烹饪技能大赛。某酒店报名参赛，计划推广餐厅的琼菜。餐厅厨师长和餐厅经理等管理人员结合这次的比赛方案进行了多次沟通，在明确了推广"某某菜品"的意向后，确定了此次参赛作品的方案，并把此项工作交给厨师长负责。厨师长组织厨房相关人员展开讨论，经多次试菜、训练及对比赛作品的验收后，确定了最终出品标准，包括对各类烹饪原料进行的特殊刀工工艺处理。在参赛作品刀工工艺处理工作中，需具体了解哪些刀工工艺形态呢？具体的刀工处理方法和刀工工艺形态标准是怎样的呢？

任务目标

①了解剞刀法的概念及其分类。

②掌握剞刀法在实践中所适用的原料范围。

③能够运用剞刀法对各种不同原料进行十字形花刀、菊花形花刀的操作，并掌握操作方法和操作要点。

④熟练剞制出花刀，并达到成形的标准和要求。

⑤分析食材特性、刀工工艺形态与刀工处理方法的关系，并进行必要调整。

⑥树立良好的安全意识，养成良好的安全操作习惯，培养良好的职业素养。

⑦培养吃苦耐劳的劳动精神，坚持不懈的钻研精神。

子任务一　十字形花刀

十字形花刀

操作概述

十字形花刀是指运用直刀推剞的刀法在原料表面剞上多个有一定深度而不断开的十字形，主要用于加工肉质较厚的鱼类，便于后续的干烧、红烧、清蒸等烹调。

1. 刀工美化基本刀法　主要包括直刀剞、直刀推剞、斜刀推剞、斜刀拉剞和平刀剞。

（1）直刀剞　直刀剞与直刀切相似，区别之处在于直刀剞没有将原料切断，而是切到一定深度即停刀，进原料的深度视原料、花刀的种类不同而有所区别，见图 3-38。直刀剞要求刀纹深浅一致，刀纹间距相等。直刀剞适用于脆性原料，如黄瓜、冬瓜、南瓜等，以及质地较嫩的韧性原料，如猪腰、鱿鱼等。

（2）直刀推剞　直刀推剞与推切相似，区别之处在于直刀推剞时，刀进入原料一定的深度后即停刀，不把原料断开，见图 3-39。这种刀法适用于加工各种无骨的韧性原料，如猪肚、通脊肉、鸡（鸭、鹅）肫等，以及软性原料，如豆腐干等。

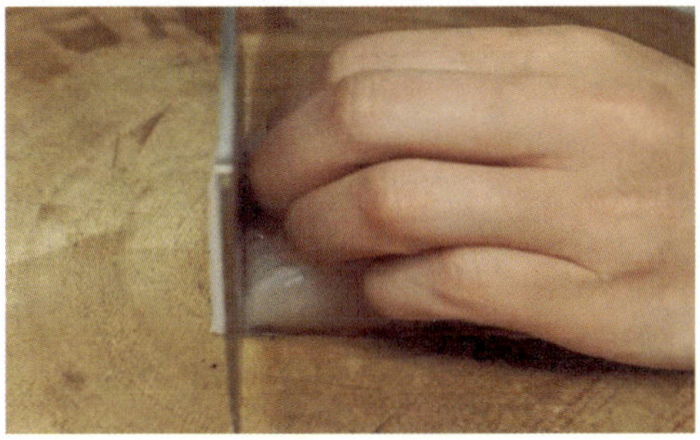

图 3-38　直刀剞鱼肉

图 3-39　直刀推剞鸡胸肉

（3）斜刀推剞　斜刀推剞与斜刀推片相似，二者的区别在于斜刀推剞不将原料断开，见图 3-40。斜刀推剞要求刀纹深浅和刀距一致，并且刀纹间的倾斜角度相同。这种刀法适用于加工比较薄小的原料，如墨鱼、鱿鱼、猪腰、猪肚等。

（4）斜刀拉剞　斜刀拉剞与斜刀拉片相似，但在刀进入原料内一定深度后即停刀，不将原料断开，适用加工的原料及要求与斜刀推剞相同，见图 3-41。

（5）平刀剞　平刀剞与平刀片相似，但也是不将原料断开。平刀剞有平刀推剞和平刀拉剞两种，见图 3-42。平刀剞的操作要求是刀纹要互相平行，间距相等，深浅一致。平刀剞常用于加工较小型的原料，如虾仁等。

2. 常用小型花刀　常用小型花刀有十字形花刀和多十字形花刀。

（1）定义　十字形花刀也称为交叉十字形花刀，刀纹是运用直刀推剞的刀法加工而成的。

（2）形状名称　十字形花刀、多十字形花刀。

Note

图 3-40 斜刀推剞鲳鱼

图 3-41 斜刀拉剞鲳鱼

（3）成形方法　在原料两侧均匀剞出交叉十字形刀纹，原料体大而长者剞多十字形花刀，刀纹间距稍小；原料体小者剞十字形花刀，刀纹间距偏大，见图 3-43。

图 3-42 平刀剞虾仁

图 3-43 十字形花刀剞鲈鱼

（4）适用原料　鲈鱼、鲤鱼、武昌鱼、鳜鱼等。

（5）适用菜肴　清蒸鲈鱼、蒜烧鱼等。

（6）加工要求　与斜一字形花刀相同。

任务实施

1. 准备工作

（1）形象准备　着工作服、戴工作帽，做好个人卫生。

（2）环境准备　检查工作环境，保障设备、设施处于正常工作状态，做好环境的清洁整理及检查工作。

（3）工具准备　根据岗位需求，准备干净的工具，为有序、高效开展工作做好准备。

（4）原料准备　根据工作任务选择足够原料，为完成任务做好准备。

2. 操作方法

①将杀好的鱼放于砧板上。

②在鱼身的一面剞上斜或直一字形排列的刀纹，再从另一个方向直刀剞成交叉十字形的刀纹，刀距一般 1～2 cm，见图 3-44（a）、（b）。

③再在鱼身的另一侧剞上同样的十字形刀纹，见图 3-44（c）。

3. 操作要领　刀在原料表面剞下的深度和刀距应保持一致和均匀，不能有深有浅、有宽有

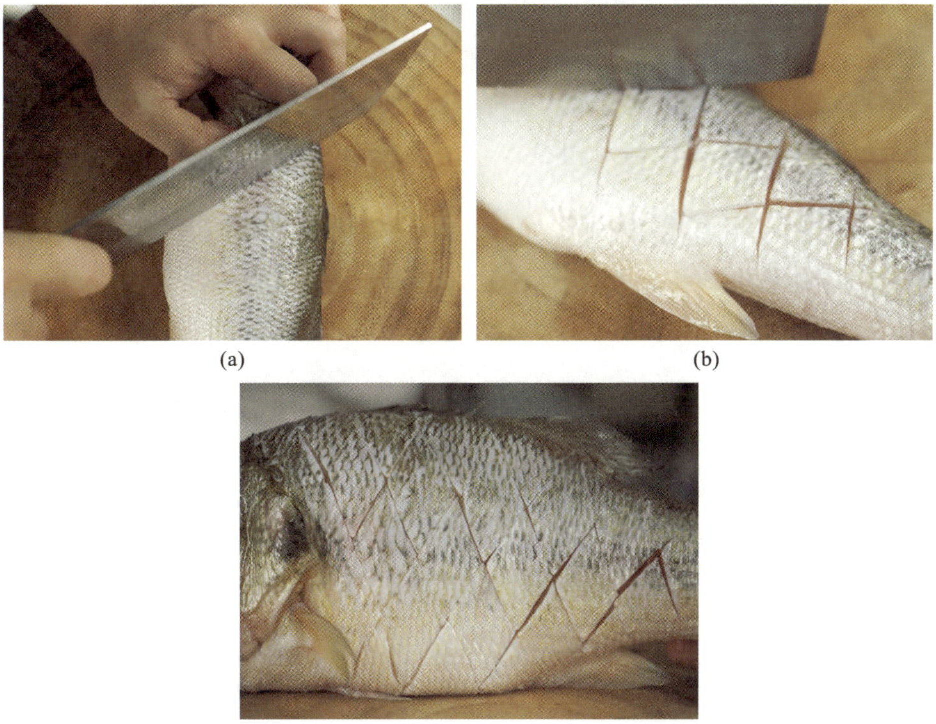

(a)　(b)

(c)

图 3-44　鲈鱼十字形花刀

窄，这样才能使剞出来的花刀形态美观，经过烹调后更能体现出菜肴的美感和操作者高超的刀工。

4. 适用原料　该刀法主要适用于加工肉质较厚的鱼类，如青鱼、草鱼、鲈鱼、黄鳝、河鳗等。

参考答案

任务检验

一、选择题（将正确答案填入对应的括号中）

1. 十字形花刀是指运用直刀推剞的刀法在原料表面剞上（　　）有一定深度而（　　）的十字形的一种刀法，主要用于加工肉质较厚的鱼类，便于后续的干烧、红烧、清蒸等烹调。

A. 一个、不切断　　B. 多个、切断　　C. 一个、切断　　D. 多个、不切断

2. 刀工美化基本刀法主要包括（　　）等。

①直刀剞　②直刀推剞　③斜刀推剞　④斜刀拉剞　⑤平刀剞

A. ①②③④⑤　　B. ①②③⑤　　C. ①③④⑤　　D. ②③④⑤

3. 下列有关十字形花刀的说法不正确的是（　　）。

A. 直刀剞要求刀纹深浅一致、刀纹间距相等

B. 斜刀推剞与直刀推剞相似，二者的区别在于运刀推不完全将原料断开。斜刀推剞要求刀纹深浅和刀距一致，并且刀纹间的倾斜角度相同

C. 十字形花刀成形方法要求在原料两侧均匀剞出交叉十字形刀纹，原料体大而长者剞多十字形花刀，刀纹间距稍小；原料体小者剞十字形花刀，刀纹间距偏大

D. 十字形花刀处理后的原料经过烹调后更能体现出菜肴的美感和操作者高超的刀工

二、判断题(正确的画“√”,错误的画“×”)

1. 十字形花刀主要适用于加工青鱼、草鱼、鲈鱼、黄鳝、河鳗等肉质较厚的鱼类。（　　）

2. 刀在原料表面剞下的深度和刀距应保持一致和均匀，不能有深有浅、有宽有窄，这样才能使剞出来的原料形态美观。（　　）

任务拓展

运用十字形花刀加工多条不同种类的鱼，并在烹调后观察成品上的刀纹和深度是否符合标准。

评价标准

十字形花刀的操作技能评价标准见表 3-9。

表 3-9　十字形花刀的操作技能评价标准

姓名：　　　　　　　　学号：　　　　　　　　成绩：

序号	评价项目	评价内容	评价结果		
			自评（30%）	同学评价（30%）	教师评价（40%）
1	职业素养	着装和个人卫生符合岗位要求（10 分）			
2	安全意识	操作时按照规范要求，使用刀具和加工所需的工具（20 分）			
3	操作技能	站姿、握刀方法、左右手配合是否规范，刀法是否熟练（20 分）			
		成品是否符合标准，深浅厚薄均匀、刀距一致、整齐划一（30 分）			
		出料率是否达标，完成任务是否超时（20 分）			

子任务二　菊花形花刀

菊花形花刀

操作概述

菊花形花刀的刀纹是运用直刀推剞的刀法制成的。

(1)菊花形花刀成形方法及要求　先将原料以直刀推剞出一条条平行的刀纹，深度为原料厚度的 4/5，再将原料转旋 90°，直刀推剞出与第一次刀纹垂直、深度相同的平行刀纹，最后将原料改刀切成正方块或三角块。菊花形花刀要求刀纹深浅和刀距均匀一致，适用于肉质稍厚的原料。

(2)适用原料　适用于加工鸡(鸭、鹅)肫、带皮鱼肉、通脊肉、冬瓜等。

(3)应用实例　菊花形冬瓜的加工：首先将冬瓜去皮去瓤，切成边长为 5 cm 左右的正方块。然后，在冬瓜块上用直刀推剞的刀法切出一条条平行的刀纹，深度为原料厚度的 4/5，刀距为 0.3 cm 左右。再将冬瓜块旋转 90°，用同样的刀法剞出与原刀纹垂直的平行刀纹。

任务实施

菊花鱼

(1)准备工作

①形象准备:着工作服、戴工作帽,做好个人卫生。

②环境准备:检查工作环境,保障设备、设施处于正常工作状态,做好环境的清洁整理及检查工作。

③工具准备:根据岗位需求,准备干净的工具,为有序、高效开展工作做好准备。

④原料准备:根据工作任务选择足够原料,为完成任务做好准备。

(2)操作方法

①将带皮草鱼改刀成边长为 3～5 cm 的正方块,修去四角呈圆形最佳。

②先用直刀推剞的刀法,在鱼肉上剞出(深度为原料的 4/5)刀距为 0.2～0.3 cm 的刀纹。

③把鱼肉旋转 90°,仍用直刀推剞的刀法,剞成一条条与已有刀纹垂直相交的刀纹,深度仍为原料的 4/5,刀距也是 0.2～0.3 cm,见图 3-45。菊花形也可以先剞花刀再改刀成块,既可改成方块,也可改成三角块或圆形块,加热后即形如菊花,见图 3-46。

图 3-45　菊花形花刀剞草鱼

图 3-46　菊花鱼

(3)操作要领

①因鱼是较细嫩的原料,所以鱼皮不能去掉,否则易碎。

②刀距不能过密,否则鱼丝过细易断。

(4)适用原料　该刀法主要适用于加工肉质较厚的鱼类,如草鱼、青鱼、鲈鱼、鳜鱼、罗非鱼等。

任务检验

参考答案

一、选择题(将正确答案填入对应的括号中)

1. 菊花形花刀是运用(　　)方法加工制作的。

A. 斜刀拉剞　　B. 斜刀推剞　　C. 直刀推剞　　D. 直刀拉剞

2. 原料切割成形是指(　　)对烹饪原料进行切割的加工。

A. 厨师　　B. 操作人员　　C. 运用刀具　　D. 初加工人员

3. 下列有关菊花形花刀的说法不正确的是(　　)。

A. 菊花形花刀的刀纹，是运用平刀推剞的刀法制成的

B. 菊花形花刀加工适用的原料是鸡（鸭、鹅）肫、带皮鱼肉、通脊肉、冬瓜等

C. 菊花形冬瓜加工是首先将冬瓜去皮去瓤，切成边长为 5 cm 左右的方块；再在冬瓜块上用直刀推剞的刀法剞出一条条平行的刀纹，深度为原料厚度的 4/5，刀距为 0.3 cm 左右；最后，将冬瓜块旋转 90°，用同样的刀法剞出与原刀纹垂直的平行刀纹

D. 因鱼是较细嫩的原料，所以在加工菊花鱼的时候鱼皮不能去掉，否则易碎

4. 树立职业理想、强化职业责任、提高职业技能是（　　）的具体要求。

A. 公正廉洁、奉公守法　　B. 忠于职守、遵章守纪

C. 爱岗敬业、注重实效　　D. 忠于职守、爱岗敬业

二、判断题（正确的画"√"，错误的画"×"）

1. 菊花形花刀的深度为原料的 2/5，刀距 0.1 cm。（　　）

2. 操作菊花形花刀刀法时，先将原料直刀推剞出一条条平行的刀纹，深度为原料厚度的4/5，再将原料旋转 90°，直刀推剞出与第一次刀纹垂直、深度相同的平行刀纹，最后将原料改刀切成正方块或三角块。（　　）

任务拓展

运用菊花形花刀加工多条不同种类的鱼，并在烹调后观察成品上的刀纹和深度是否符合标准。

评价标准

菊花形花刀的操作技能评价标准见表 3-10。

表 3-10　菊花形花刀的操作技能评价标准

姓名：　　　　学号：　　　　成绩：

序号	评价项目	评价内容	评价结果		
			自评（30%）	同学评价（30%）	教师评价（40%）
1	职业素养	着装和个人卫生符合岗位要求（10 分）			
2	安全意识	操作时按照规范要求，使用刀具和加工所需的工具（20 分）			
3	操作技能	站姿、握刀方法、左右手配合是否规范，刀法是否熟练（20 分）			
		成品是否符合标准，菊花鱼丝粗细均匀、长短一致、形态自然，形如菊花（30 分）			
		出料率是否达标，完成任务是否超时（20 分）			

任务四

加工麦穗花形、蓑衣花形

任务描述

花刀工艺是在原料上剞出刀纹而达到美化菜肴、利于加热烹调的综合应用型刀法。花刀工艺程序复杂，技术难度较高，经常用于鱼类等大型原料，可以辅助菜肴入味；增加受热面积，使原料快速成熟；可以美化菜肴的造型，丰富菜肴质感。

任务导入

琼菜厨师王某收到海口市一家高星级酒店中餐厨房砧板厨师岗的录用通知。王某在熟悉了酒店中餐厨房工作环境和工作要求后，为了更好地胜任这份工作，决定尝试在加工一些烹饪原料时使用特殊刀工工艺。在得到砧板主管的允许后，王某挑选了一些原料进行了多次刀工工艺处理。当处理完成后，他请来了砧板主管和厨师长，希望得到一些刀工处理的建议。在这些特殊刀工工艺的处理中，需具体了解哪些刀工工艺形态呢？具体的刀工处理方法和刀工工艺形态标准是怎样的呢？

任务目标

①了解砍的概念及其分类。

②掌握麦穗形花刀、蓑衣形花刀的成形方法。

③具备根据不同原料改刀成麦穗形花刀、蓑衣形花刀的操作能力，并掌握操作方法和操作要领。

④熟悉剞制花刀成形的标准和要求。

⑤分析原料特性、刀工工艺形态和刀工处理方法间的关系，并进行必要的调整。

⑥树立良好的安全意识，养成良好的安全操作习惯，培养良好的职业素养。

⑦培养吃苦耐劳的劳动精神、坚持不懈的钻研精神。

子任务一 麦穗形花刀

麦穗形花刀

操作概述

麦穗形花刀是先用斜刀推剞的刀法在原料表面剞一条条平行的刀纹，深度为原料厚度的2/3，再将原料旋转90°，用直刀推剞的刀法，剞出与斜刀刀纹垂直的刀纹，深度为原料厚度的4/5，最后改刀切成长方块，见图 3-47。

图 3-47　麦穗形花刀剞鱿鱼

任务实施

1. 麦穗形花刀

（1）成形方法及要求　先用斜刀推剞的刀法在待剞原料表面剞上平行刀纹，深度为原料厚度的 2/3，旋转 90°后直刀推剞，深度为原料厚度的 4/5，最后改刀切成长方块。用这种刀法成形的原料经加热后，原料卷曲形似麦穗，故称麦穗形花刀。麦穗形花刀要求刀纹清晰，间距均匀，深度一致，纹向正确。

（2）适用原料　主要适用于加工鱿鱼、墨鱼、猪腰等较扁平的原料。

（3）应用实例　经麦穗形花刀加工的鱿鱼见图 3-48、图 3-49。

图 3-48　麦穗形鱿鱼

2. 加工麦穗形腰花

①将猪腰放平，用平刀法将猪腰从中间片为两半，去掉外筋膜，片去腰臊，用清水洗净。

②在猪腰内侧斜刀推剞进原料厚度的 2/3，倾斜角度约为 35°，边剞刀，左手边往后退，直至剞完原料。

③将原料旋转 90°，用直刀推剞的刀法剞进原料厚度的 4/5。

图 3-49 麦穗形鱿鱼摆盘

④最后顺直刀方向将原料改刀切成宽度为 2.5～3 cm 的长方块。

任务检验

一、选择题(将正确答案填入对应的括号中)

参考答案

1. 麦穗花刀是运用(　　)方法加工制作的。

A. 斜刀推剞和直刀推剞　　B. 斜刀推剞

C. 直刀推剞　　D. 直刀拉剞

2. 麦穗花刀要求先用斜刀推剞的刀法在原料表面剞上一条条平行的刀纹,深度为原料厚度的(　　),再将原料旋转(　　),用直刀推剞的刀法,剞出与斜刀刀纹垂直的刀纹,深度为原料厚度的(　　),最后改刀切成长方块。

A. 2/3,90°,4/5　　B. 2/3,45°,4/5

C. 4/5,90°,2/3　　D. 4/5,45°,2/3

3. 下列有关麦穗形花刀的说法不正确的是(　　)。

A. 麦穗形花刀适用于加工猪腰、墨鱼、鱿鱼等较扁平的原料

B. 经麦穗形花刀成形的原料加热后,原料卷曲形似麦穗,故而得此名

C. 麦穗形花刀要先用斜刀推剞的刀法在原料表面剞一条条不平行的刀纹

D. 加工麦穗形猪腰最后是顺直刀方向将原料改刀切成宽度为 2.5～3 cm 的长方块

二、判断题(正确的画"√",错误的画"×")

1. 麦穗形花刀要求刀纹清晰,间距均匀,深度一致,纹向正确。(　　)

2. 操作麦穗形花刀刀法时应注意掌握好下刀角度、位置等,这对原料形态的整齐和刀纹的深度有很大的影响。(　　)

任务拓展

运用麦穗形花刀加工多种不同类型的烹饪原料,并在烹调后观察成品上的刀纹和深度是否符合标准。

评价标准

麦穗形花刀的操作技能评价标准见表 3-11。

表 3-11　麦穗形花刀的操作技能评价标准

姓名：　　　　　　　　　　　　学号：　　　　　　　　　　　　成绩：

序号	评价项目	评价内容	评价结果		
			自评（30%）	同学评价（30%）	教师评价（40%）
1	职业素养	着装和个人卫生符合岗位要求（10 分）			
2	安全意识	操作时按照规范要求，使用刀具和加工所需的工具（20 分）			
3	操作技能	站姿、握刀方法、左右手配合是否规范，刀法是否熟练（20 分）			
		成品是否符合标准，刀纹清晰，间距均匀，深度一致，纹路方向正确（30 分）			
		出料率是否达标，完成任务是否超时（20 分）			

子任务二　蓑衣形花刀

蓑衣形花刀

操作概述

蓑衣形花刀是用直刀法在原料上直切或推出一条条相互平行的刀纹，将原料翻面，用同样的刀法把原料再剞一遍，最后改刀切成长方块或正方块。

任务实施

1. 蓑衣形花刀

（1）成形方法及要求　用直刀法在原料上直切或推出一条条相互平行的刀纹，深度为原料厚度的 4/5，刀刃与原料的夹角为 80°左右。将原料翻面，用同样的刀法把原料再剞一遍；最后改刀切成长度 3 cm、宽度 2 cm 的长方块，或边长为 2.5 cm 左右的正方块，有的原料不用改刀切块，如蓑衣黄瓜，见图 3-50。蓑衣形花刀要求刀纹深浅及刀距均匀一致，角度要正确。

图 3-50　网状结构的蓑衣黄瓜

（2）适用原料　适用于加工墨鱼、鱿鱼、里脊肉或黄瓜、长茄子等动植物原料。

（3）应用实例　蓑衣黄瓜的加工。

2. 剞蓑衣黄瓜

①把黄瓜清洗干净，削去两头尖部。平放在砧板上，右手持刀从右向左把黄瓜用直刀剞的刀法剞一遍，刀与原料的夹角为 80°左右，深度为原料的 4/5，见图 3-51(a)、(b)。

②把原料翻个身，用同样的刀法再剞一遍，从黄瓜两头轻轻一拉，即可显出网状结构，如图 3-51(c)、(d)。

(a)　(b)　(c)　(d)

图 3-51　剞蓑衣黄瓜

任务检验

参考答案

一、选择题（将正确答案填入对应的括号中）

1. 蓑衣形花刀是运用（　　）方法加工制作的。

A. 斜刀法　B. 斜刀推法　C. 直刀法　D. 直刀拉法

2. 反斜刀法右侧的角度一般是（　　）。

A. 50°～60°　B. 40°～50°　C. 70°～80°　D. 130°～140°

3. 下列有关蓑衣形花刀的说法不正确的是（　　）。

A. 蓑衣形花刀是用直刀法在原料上直切或推出一条条相互平行的刀纹

B. 蓑衣形花刀要求刀纹深浅及刀距均匀一致，角度要正确

C. 蓑衣形花刀适用于加工墨鱼、鱿鱼、里脊肉或黄瓜、长茄子等动植物原料

D. 经过蓑衣形花刀加工的黄瓜从两头轻轻一拉，即可显出螺旋状结构

二、判断题（正确的画“√”，错误的画“×”）

1. 蓑衣形花刀，刀深度为原料厚度的 4/5，刀距 1 cm。（　　）

2. 剞蓑衣黄瓜要求黄瓜平放在砧板上，右手持刀从右向左把黄瓜用直刀剞的刀法剞一遍，刀

与原料的夹角为 80°左右，深度为原料厚度的 4/5；翻身后同样再剞一遍。 （ ）

任务拓展

运用蓑衣形花刀加工多种不同类型的原料，并在烹调后观察成品上的刀纹和深度是否符合标准。

评价标准

蓑衣形花刀的操作技能评价标准见表 3-12。

表 3-12 蓑衣形花刀的操作技能评价标准

姓名： 学号： 成绩：

序号	评价项目	评价内容	评价结果		
			自评（30%）	同学评价（30%）	教师评价（40%）
1	职业素养	着装和个人卫生符合岗位要求（10 分）			
2	安全意识	操作时按照规范要求，使用刀具和加工所需的工具（20 分）			
3	操作技能	站姿、握刀方法、左右手配合是否规范，刀法是否熟练（20 分）			
		成品是否符合标准，刀纹深浅一致、刀距均匀，角度正确（30 分）			
		出料率是否达标，完成任务是否超时（20 分）			

项目四
翻锅

【项目描述】

项目四

翻锅是厨师临灶运用炒锅的方法与技巧，简称厨师临灶功夫。在烹制菜肴过程中，运用相应的力度，不同方向的推、拉、送、扬、托、翻、晃、转等动作，使炒锅中的原料能够不同程度地前后左右翻动，使菜肴在加热、调味、勾芡、装盘等方面达到应有的质量要求。

菜肴烹调始终离不开锅的使用，翻锅技术对烹调成菜至关重要。它直接关系到成品菜肴的品质，也是衡量一名厨师技术水平的重要标志。因此，学习烹调技术，首先要掌握好翻锅技术。

【项目目标】

翻锅是厨师根据菜肴的特性及制作要求，运用不同的翻锅技法，将不同原料以不同比例搭配，并根据入锅的先后顺序进行翻动，从而满足菜肴的制作要求。翻锅是烹调操作中重要的基本功。学习烹调技术，首先要掌握好翻锅技术。通过本项目学习，需掌握以下几点。

- 认识翻锅在烹饪中的运用。
- 掌握翻锅的注意事项。
- 了解不同种类的翻锅方法。
- 训练翻锅的操作方法。
- 提高对翻锅、使用手勺及锅功的认识，激励学生在未来工作岗位上展示职业风采。
- 明确翻锅操作对菜肴制作的重要性，树立中餐厨房工作场所的安全意识，养成良好的厨师操作行为习惯。
- 培养吃苦耐劳的劳动精神、坚持不懈的钻研精神。

任务一

翻锅操作

任务描述

某酒店为了推广新菜，制作新菜的流程如下：凉菜（案板细加工、改刀、卤制、凉拌、调味，准备配料）；热菜（案板细加工、配料调制、烹饪）；面点（案板细加工、准备配料、制作）→试味尝鲜、味道调整。

任务导入

作为炒锅主管，亲自主理，并带领炒锅厨师严格按操作规范和质量标准制作菜肴。配合砧板岗验收原料，掌握当市原料及预定情况，分配任务，安排工作。在炒菜过程中，炒锅厨师们始终遵循厨房安全操作规范。

任务目标

①了解锅具操作的概念及其分类。

②熟练掌握锅具操作中不同的操作方法和操作要领。

③通过不停地磨炼，培养持之以恒的耐心。

④养成爱岗敬业、精益求精的职业精神。

⑤树立良好的安全意识，养成良好的安全操作习惯，培养良好的职业素养。

操作概述

厨师对锅具的操作方法主要有旋、拌、翻等。作为临灶操作基本功之一的锅功，是运用炒锅的技术，具体来说是在菜肴烹制过程中，使用不同力度、不同方向的推、拉、送、扬、晃、举、颠、倒、翻等动作，使炒锅中的原料能不同程度地前后左右翻动，从而使菜肴在加热、调味、勾芡、装盘等操作环节达到应有的质量要求。

今天是炒锅厨师小王工作的第一天，他中午需要炒菜出餐，让我们看看，他会用到什么样的翻锅动作呢？

任务实施

1. 准备工作

(1)形象准备　着工作服、戴工作帽，做好个人卫生。

（2）环境准备　检查工作环境，保障设备、设施处于正常工作状态，做好环境的清洁整理及检查工作。

（3）工具准备　根据岗位需求，准备干净的工具，为有序、高效开展工作做好准备。

（4）原料准备　根据工作任务选择足够原料，为完成任务做好准备。

2. 操作方法

（1）旋　旋，即左手握锅，通过晃动，使锅中的原料在锅中顺着一个方向旋转，或运用手勺、手铲拨动原料，使原料在锅中变动位置。通过晃锅，能调换原料在锅中的位置，使原料在锅中的温度保持一致，见图 4-1。

图 4-1　旋锅

（2）拌　拌是指用手勺或手铲在锅中将原料上下拌动，使之混合，均匀受热。运用手勺搅拌的幅度应稍大，使不同位置的原料调换位置，达到均匀受热的目的，见图 4-2。

图 4-2　拌法操作

（3）翻　翻是将原料在锅中翻动，便于锅内原料成熟、入味一致的炒锅操作。它需要运用腕力和臂力，使锅前端向上运动，锅的后端向下运动，锅中的原料在滑动时呈抛物线运动，使锅中原料移位，从而达到翻锅的目的。

翻锅，又称抛锅、簸锅。翻锅时，一般是以左手持握炒锅，右手持握手勺。在烹调过程中，为使原料在锅中受热均匀，成熟度一致，入味、着色、挂芡均匀，除了用手勺搅拌外，还要用翻锅的方法。翻锅的技术对菜肴的质量至关重要。翻锅的方法很多，按原料在锅中运动幅度的大小和运动的方向，可分为小翻锅、大翻锅、助翻锅、晃锅、转锅等，见图 4-3。

图 4-3 翻锅

3. 操作要领 对锅具旋和拌的操作方法比较容易，不需要过多的学习就能掌握。而翻锅操作难度比较大，需要一段时间的刻苦训练才能熟练掌握。

4. 适用原料 翻锅一般适于用玉米粒、萝卜丁、豌豆粒、黄豆等原料来练习。

5. 注意事项

①注意翻锅利用的是巧劲。

②在翻锅的过程中注意安全。

任务检验

一、选择题（将正确答案填入对应的括号中）

1. 翻锅技术又分为（　　）等几种。

①小翻锅 ②晃锅 ③大翻锅 ④助翻锅 ⑤转锅

A. ①②③④⑤　　B. ①②⑤　　C. ①③⑤　　D. ②④

2. 翻是将原料在锅中翻动，适用于炒锅的操作。它需要运用腕力和臂力，使锅前端向上运动，锅的后端向下运动，锅中的原料在滑动时呈（　　）运动，使锅中原料移位，从而达到翻锅的目的。

A. 直线　　B. 斜线　　C. 抛物线　　D. 以上都不对

3. 下列关于翻锅的操作方法不正确的是（　　）。

A. 旋是左手握锅，通过晃动，使锅中的原料在锅中顺着一个方向旋转，或运用手勺、手铲拨动原料，使原料在锅中变动位置

B. 晃锅可以调换原料在锅中的位置，使原料在锅中的温度保持一致

C. 运用手勺搅拌的幅度应稍大，使不同位置的原料调换位置，达到均匀受热的目的

D. 翻锅，又称抛锅、簸锅。翻锅时，一般是以右手持握炒锅，左手持握手勺

二、判断题（正确的画"√"，错误的画"×"）

1. 拌的操作是指用手勺或手铲在锅中将原料上下拌动，使之混合，均匀受热。（　　）

2. 在烹调过程中，为使原料在锅中受热均匀，成熟一致，入味、着色、挂芡均匀，除了用手勺搅

参考答案

Note

拌外，还要用翻锅的方法。（　　）

任务拓展

利用课余时间用玉米粒等原料练习翻锅，并试着炒出一道菜肴（如金玉满堂）。

评价标准

翻锅操作方法评价标准见表 4-1。

表 4-1　翻锅操作方法评价标准

姓名：　　　　学号：　　　　成绩：

序号	评价项目	评价内容	评价结果		
			自评（30%）	同学评价（30%）	教师评价（40%）
1	职业素养	着装和个人卫生符合岗位要求（20 分）			
2	安全意识	操作时按照规范要求，并注意环境安全（20 分）			
3	操作技能	旋的操作手法（20 分）			
		拌的操作手法（20 分）			
		翻的操作手法（20 分）			

任务二

翻锅操作姿势

任务描述

翻锅的操作姿势是指从事烹调操作时的“功架”，它主要包括临灶操作的基本姿势和握勺的手势，包括了解不同情况下所需适应的临灶基本要领和手握单柄锅和双耳锅、握手勺的姿势和手势。

任务导入

海南省海口市某酒店厨房厨师长受朋友委托，将对从事了两年多中餐厨房工作的符某进行重点培养。符某期望成为炒锅厨师，遂请求厨师长先教授他锅功。厨师长利用营业之外的时间对符某进行了针对性训练。两个星期的刻苦训练后，符某能够按照锅功各项要求熟练完成翻锅等各项技术动作，并在操作过程中始终遵守厨房安全操作规范。

任务目标

①熟知翻锅的姿势和握手勺的手势。

②正确理解和掌握临灶操作的基本姿势、握单柄锅、握双耳锅的手势和操作要领。

③了解不同形式所需适应的临灶基本要领和手握单柄锅和双耳锅、握手勺的姿势和手势。

④通过学习培养对烹饪的热爱，并体验成功的快乐。

⑤培养安全、卫生的职业操作习惯。

子任务一 翻锅操作的基本姿势

操作概述

翻锅姿势，即临灶操作的基本姿势，是从方便操作、提高工作效率和减轻疲劳、降低劳动强度、有利于身体健康等方面考虑的。

任务实施

1. 准备工作

(1)形象准备　着工作服、戴工作帽，做好个人卫生。

Note

（2）环境准备　检查工作环境，保障设备、设施处于正常工作状态，做好环境的清洁整理及检查工作。

（3）工具准备　根据岗位需求，准备干净的工具，为有序、高效开展工作做好准备。

（4）原料准备　根据工作任务选择足够原料，为完成任务做好准备。

2. 操作方法

①面向炉灶站立，身体与灶台保持一定的距离（约 10 cm 左右），见图 4-4(a)。

②两脚分开站立，两脚尖与肩同宽，为 40～50 cm（可根据身高适当调整），见图 4-4(b)。

③上身保持直立，自然含胸，略向前倾，不可曲背，目光注视炒锅中原料的变化，见图 4-4(c)。

(a)　　(b)　　(c)

图 4-4　翻锅操作的基本姿势

3. 操作要领　站的动作要符合安全标准，不可太近也不可太远，站姿一定要正确。炒菜时要专心致志，不可一心二用。

4. 注意事项

①注意翻锅操作基本姿势的保持。

②在翻锅的过程中注意安全。

参考答案

任务检验

一、选择题（将正确答案填入对应的括号中）

1. 翻锅操作的基本姿势中，两脚分开站立，两脚尖与肩同宽，一般为（　　）。

A. 10～20 cm　　B. 15～30 cm　　C. 40～50 cm　　D. 60～80 cm

2. 翻锅操作的基本姿势中，面向炉灶站立时，身体应与灶台保持大约（　　）的距离。

A. 10 cm　　B. 15 cm　　C. 20 cm　　D. 30 cm

3. 下列有关翻锅操作的说法不正确的是（　　）。

Note

A. 面向炉灶站立进行操作

B. 翻锅操作时两脚分开站立，两脚尖与肩同宽

C. 翻锅操作时上身保持直立，自然含胸，略向前倾，不可曲背

D. 翻锅操作时站得尽量远一些，站姿一定要正确，炒菜时要专心致志

二、判断题（正确的画"√"，错误的画"×"）

1. 团结协作是指相互为对方着想，相互配合，还包括互敬互学、共同提高的要求。（ ）

2. 翻锅操作的基本姿势，是从方便操作、提高工作效率和减轻疲劳、降低劳动强度、有利于身体健康等方面考虑的。（ ）

任务拓展

利用课余时间多练习站姿，熟能生巧。

评价标准

翻锅操作的基本姿势评价标准见表 4-2。

表 4-2 翻锅操作的基本姿势评价标准

姓名： 学号： 成绩：

序号	评价项目	评价内容	评价结果		
			自评（30%）	同学评价（30%）	教师评价（40%）
1	职业素养	着装和个人卫生符合岗位要求（10 分）			
2	安全意识	操作时按照规范要求，并注意环境安全（20 分）			
3	操作技能	操作时的站姿（20 分）			
		操作时身体与灶台的距离（20 分）			
		操作时的目光（20 分）			
		操作时脚的距离与肩的宽度距离（10 分）			

子任务二 握锅的手势

操作概述

握锅的手势主要包括握单柄炒锅的手势和握双耳炒锅的手势。握锅的手势，在操作时应注意不要过于用力，以握牢、握稳为准，以便在翻锅时充分使用腕力和臂力，使翻锅操作灵活自如。

任务实施

1. 准备工作

（1）形象准备　着工作服、戴工作帽，做好个人卫生。

（2）环境准备　检查工作环境，保障设备、设施处于正常工作状态，做好环境的清洁整理及检查工作。

（3）工具准备　根据岗位需求，准备干净的工具，为有序、高效开展工作做好准备。

（4）原料准备　根据工作任务选择足够原料，为完成任务做好准备。

2. 操作方法

（1）握双耳锅的手势　用左手大拇指握紧锅耳的左上侧，其他四指微弓朝下而向右斜张托住锅壁，见图 4-5。

图 4-5　握双耳锅的手势

（2）握单柄锅的手势　左手握住勺柄，手心朝右上方，大拇指在勺柄上面，其他四指弓起，指尖朝上，手掌与水平面约成 140°夹角，合力握住勺柄，见图 4-6。

图 4-6　握单柄锅的手势

3. 操作要领　注意握锅的力度、方法，区分握双耳锅和单柄锅的手势。

4. 注意事项

①注意握锅姿势的保持以及操作后的肌肉放松。

②在握锅的过程中注意安全。

参考答案

任务检验

一、选择题(将正确答案填入对应的括号中)

1. 握单柄锅的手势是左手握住勺柄，手心朝右上方，大拇指在勺柄上面，其他四指弓起，指尖朝上，手掌与水平面约成(　　)夹角，合力握住勺柄。

A. 40°　　B. 80°　　C. 140°　　D. 180°

2. 握双耳锅的手势是用(　　)大拇指握紧锅耳的左上侧，其他四指微弓朝下而向右斜张托住锅壁。

A. 左手　　B. 右手　　C. 双手　　D. 以上都不对

3. 下列有关握锅的手势的说法不正确的是(　　)。

A. 握锅的手势主要包括握单柄锅的手势和握双耳锅的手势

B. 在操作握锅时，手势应注意一定要非常用力，以握牢、握稳为准

C. 左手握住勺柄，手心朝右上方，大拇指在勺柄上面，其他四指弓起，指尖朝上，手掌与水平面约成一定的夹角，合力握住勺柄

D. 用左手大拇指握紧锅耳的左上侧，其他四指微弓朝下而向右斜张托住锅壁

二、判断题(正确的画"√",错误的画"×")

1. 职业道德是人们在特定的职业活动中所应遵循的行为规范的总和。(　　)

2. 握双耳锅的手势是用左手大拇指、食指握紧锅耳的左上侧，其他四指微弓朝下，右斜张托住锅壁。(　　)

任务拓展

利用课余时间多练习握单柄锅和双耳锅的方法。

评价标准

握锅的基本姿势评价标准见表 4-3。

表 4-3　握锅的基本姿势评价标准

姓名：　　　　学号：　　　　成绩：

序号	评价项目	评价内容	评价结果		
			自评(30%)	同学评价(30%)	教师评价(40%)
1	职业素养	着装和个人卫生符合岗位要求(10 分)			
2	安全意识	操作时按照规范要求，并注意环境安全(20 分)			
3	操作技能	握锅时的站姿(20 分)			
		双耳锅的握法(20 分)			
		单耳锅的握法(20 分)			
		握锅姿势的要领(10 分)			

任务三

应用翻锅方法

任务描述

翻锅，不在于使劲，而是技术与经验的积累，主要靠的是巧劲。翻锅动作以腕力为关键，通过单手握锅柄，边送锅边顺手向上扬，锅内的菜肴便离锅翻身。技术好的厨师一般都能靠手腕和手臂的力量单手完成翻锅。翻锅技术又分为小翻锅、大翻锅、晃锅、悬翻锅、助翻锅等。

任务导入

某家高级餐厅举办地方美食品鉴活动，餐厅经理和厨师长共同策划制订了地方美食品鉴方案。其中，除了提供特色美食品鉴外，在热菜出品环节还专门针对几道热菜设置了现场展示环节，具体涉及几道菜肴的锅功技术，为食客提供全方位的美食盛宴享受。

任务目标

①正确理解和掌握小翻锅、大翻锅、晃锅、悬翻锅、助翻锅的操作方法和操作要领。

②了解不同形式翻锅方法的使用。

③通过学习培养对烹饪的热爱，体验成功的快乐。

④培养安全卫生的职业操作习惯。

子任务一 小翻锅

小翻锅方法

操作概述

小翻锅是一种常见的翻锅方法，主要适用于烹制的原料数量少，加热时间短及散碎易成熟的菜肴，如清炒肉丝。原料入锅后，用小翻锅技法不停地翻动原料并随之加入调味品，使肉丝受热均匀，入味一致，成品达到鲜香软嫩的质量要求。

任务实施

1. 准备工作

(1)形象准备　着工作服、戴工作帽，做好个人卫生。

（2）环境准备 检查工作环境，保障设备、设施处于正常工作状态，做好环境的清洁整理及检查工作。

（3）工具准备 根据岗位需求，准备干净的工具，为有序、高效开展工作做好准备。

（4）原料准备 根据工作任务选择足够原料，为完成任务做好准备。

2. 操作方法

①左手握住锅耳靠左一侧，端起后使锅的前端略低，使锅中的原料向前滑动，见图 4-7(a)。

②接着将锅向前送出，迅速向后上方拉回，使锅中部分原料翻转 180°，即原料在惯性作用下被抛出后落回锅中，见图 4-7(b)。

③接着重复上述动作，翻转另一部分原料，见图 4-7(c)。

(a) (b) (c)

图 4-7 小翻锅操作

3. 操作要领 小翻锅必须与手勺配合操作，推着原料翻身。锅向前送时，手勺紧贴炒锅的底部，顺势推后面的原料一起向前运动，为原料翻转提供助力。

在烹调过程中小翻锅是常用的一种翻锅技法。其特点是原料在锅中运动的幅度较小，能使原料受热均匀，成熟度一致。适用于一些加热时间较短的烹调方法，如炒、爆、熘、煸等菜肴，以及烹调过程中勾芡、调味、拌和原料等辅助操作。具体操作有两种：前翻锅、后翻锅。

4. 注意事项

①注意小翻锅操作姿势的保持。

②在翻动的过程中注意安全。

任务检验

参考答案

一、选择题（将正确答案填入对应的括号中）

1. 小翻锅是一种（ ）的翻锅方法。

A. 比较少见 B. 不常见 C. 较常见 D. 以上都不对

2. 小翻锅主要适用于数量少，加热时间（　　），散碎易成熟的菜肴制作。

A. 短　　B. 较长　　C. 漫长　　D. 以上都不对

3. 下列有关小翻锅的操作要领说法不正确的是（　　）。

A. 小翻锅必须与手勺配合操作，推着原料翻身

B. 锅向前送时，手勺紧贴炒锅的底部，顺势推后面的原料一起向前运动，为原料翻转提供助力

C. 小翻锅适用于一些加热时间较长的烹调方法，如焖、烩、炖等菜肴

D. 小翻锅具体操作有两种：前翻锅、后翻锅

二、判断题（正确的画“√”，错误的画“×”）

1. 对于惯用手是右手的厨师来说，小翻锅的操作要求是右手握住锅柄，端起后使锅的前端略低，使锅中的原料向前滑动。（　　）

2. 小翻锅技法是不停地翻动原料并随之加入调味品，使原料受热均匀，入味一致。（　　）

任务拓展

利用小翻锅技法炒出一道美味菜肴。

评价标准

小翻锅的操作技能评价标准见表 4-4。

表 4-4　小翻锅的操作技能评价标准

姓名：　　　　学号：　　　　成绩：

序号	评价项目	评价内容	评价结果		
			自评（30%）	同学评价（30%）	教师评价（40%）
1	职业素养	着装和个人卫生符合岗位要求（10 分）			
2	安全意识	操作时按照规范要求，并注意环境安全（20 分）			
3	操作技能	小翻锅操作时的站姿（20 分）			
		小翻锅的操作要领（20 分）			
		原料在锅中运动的幅度是否一致（20 分）			
		小翻锅操作频率（10 分）			

大翻锅方法

子任务二　大翻锅

操作概述

大翻锅是指将锅中的原料，一次性全部翻转 180°的一种操作技法。大翻锅的动作及原料在锅中翻转的幅度较大，技术难度较大，要求高。既要求将原料整个翻转过来，又要使翻转过来的

Note

原料保持整齐、美观、不变形，还要求在翻转原料的过程中，避免汤汁四处飞溅。根据翻锅的动作，可分为前翻、后翻、左翻、右翻。它们的目的一致，基本动作大致相同，适用于烹制煎、贴、扒、塌等菜肴。

任务实施

1. 准备工作

（1）形象准备　着工作服、戴工作帽，做好个人卫生。

（2）环境准备　检查工作环境，保障设备、设施处于正常工作状态，做好环境的清洁整理及检查工作。

（3）工具准备　根据岗位需求，准备干净整齐的工具，为有序、高效开展工作做好准备。

（4）原料准备　根据工作任务选择足够原料，为完成任务做好准备。

2. 操作方法

①左手握住锅，先晃锅，调整好锅中原料的位置，见图 4-8(a)。

②略向后拉，接着向前送出，顺势向上扬起锅，将锅中的原料抛向锅的上空，见图 4-8(b)。

③在上扬的同时，锅向里勾拉，使离锅的原料呈弧形做 180°翻转，见图 4-8(c)。

④原料下落时，锅向上托起，顺势与原料一起落下，接住原料，见图 4-8(d)。

(a) (b) (c) (d)

图 4-8　大翻锅操作

3. 操作要领 翻锅前要将原料在锅中晃动，以保证翻锅时原料具有一定的惯性，并适当调整原料的位置。若是整条鱼，应鱼尾向前，鱼头向后；若原料为条状，要顺条翻，不可横条翻，否则易使原料散乱。

拉、送、扬、翻、接的动作要一气呵成，连贯协调，无论是哪一个动作有失误，都会影响到大翻锅的质量。锅向后拉时，要带动原料向后移动，接着再向前送出，加大原料在锅中运行的距离，再顺势上扬，利用腕力使锅略向里勾拉，使原料完全翻转；接原料时，手腕要有一个向上托的动作，并与原料一起顺势下落，以缓冲原料与锅的碰撞，防止原料松散及汤汁四溅。

晃锅时，可淋少量油，增加润滑度，使锅光滑不涩。

4. 注意事项 大翻锅的操作有拉、送、扬、接等步骤。拉，就是将锅向里回拉；送，就是将锅向外送出；扬，就是运用扣腕的动作，使原料向前做开口向上的弧线运动时，稍微改变方向，使之呈反方向的弧线，即开口向下的弧线；接，就是锅收回后，等在原料要落回锅的位置，在原料接触锅的一瞬间，同时下移，以减小原料接触锅时的反冲力，从而减少锅对原料的作用力。

参考答案

任务检验

一、选择题（将正确答案填入对应的括号中）

1. 大翻锅是使锅内原料一次性做（　　）翻转，也就是说原料通过大翻锅达到“底朝天”的效果，因动作和翻转幅度较大而称为大翻锅的翻锅方法。

A. 45°　　B. 90°　　C. 120°　　D. 180°

2. 职业道德对人的道德素质起（　　）作用。

A. 辅助性　　B. 决定性　　C. 暂时性　　D. 方法性

3. 下列有关大翻锅的操作要领说法不正确的是（　　）。

A. 相比小翻锅，大翻锅的动作及原料在锅中翻转的幅度较大，但技术难度较小，要求低

B. 翻锅前要将原料在锅中晃动，以保证翻锅时原料具有一定的惯性，并适当调整原料的位置

C. 大翻锅适用于烹制煎、贴、扒、塌等菜肴

D. 大翻锅具体操作要求不仅要使翻转过来的原料保持整齐、美观、不变形，还要求在翻转原料的过程中，避免汤汁四处飞溅

二、判断题（正确的画“√”，错误的画“×”）

1. 根据翻锅的动作，可分为前翻、后翻、左翻、右翻。它们的目的一致，基本动作大致相同。（　　）

2. 大翻锅的操作只有拉、送、扬三个步骤。（　　）

任务拓展

利用大翻锅技法制作出一道美味菜肴。

评价标准

大翻锅的操作技能评价标准见表 4-5。

Note

表 4-5 大翻锅的操作技能评价标准

姓名： 学号： 成绩：

序号	评价项目	评价内容	评价结果		
			自评（30%）	同学评价（30%）	教师评价（40%）
1	职业素养	着装和个人卫生符合岗位要求（10 分）			
2	安全意识	操作时按照规范要求，并注意环境安全（20 分）			
3	操作技能	大翻锅操作时的站姿（20 分）			
		大翻锅的动作要领（20 分）			
		原料在锅中运动的幅度是否一致（20 分）			
		大翻锅操作频率（10 分）			

子任务三 晃锅

操作概述

晃锅方法

晃锅是指将原料在锅内旋转的一种锅功技法，可使原料在锅内受热均匀，防止粘锅；调整原料在锅内的位置，以保证翻锅或出菜装盘的顺利进行。此法应用较为广泛，适用于烹制煎、塌、贴、扒、㸆、烧等菜肴。

任务实施

1. 准备工作

（1）形象准备 着工作服、戴工作帽，做好个人卫生。

（2）环境准备 检查工作环境，保障设备、设施处于正常工作状态，做好环境的清洁整理及检查工作。

（3）工具准备 根据岗位需求，准备干净的工具，为有序、高效开展工作做好准备。

（4）原料准备 根据工作任务选择足够原料，为完成任务做好准备。

2. 操作方法

①左手握住锅耳，端平，见图 4-9（a）。

②通过手腕的转动，带动锅做顺时针或逆时针方向的转动，使原料在锅内旋转，见图 4-9（b）。

3. 操作要领 晃动锅时，通过手腕的转动及小臂的摆动，加大锅内原料旋转的幅度。用力的大小要适当，若力量过大，则原料易转出锅外；若力量过小，则原料旋转不充分。

4. 注意事项

①注意晃锅操作姿势的保持。

②在晃锅的过程中注意安全。

(a) (b)

图 4-9 晃锅操作

任务检验

参考答案

一、选择题(将正确答案填入对应的括号中)

1. 晃锅是指将原料在锅内(　　)的一种锅功技法。

A. 旋转　　B. 翻转　　C. 保持静止不动　　D. 以上都不对

2. 职业道德在内容方面具有(　　)。

A. 超前性和偶然性　　B. 稳定性和连续性

C. 暂时性和波动性　　D. 稳定性和复杂性

3. 下列有关晃锅的操作说法不正确的是(　　)。

A. 晃锅可使原料在锅内受热均匀,防止粘锅

B. 晃锅技术应用较少,仅适用于烹制煎类菜肴

C. 晃锅是指将原料在锅内旋转的一种锅功技法

D. 晃锅通过手腕的转动,带动锅做顺时针或逆时针的方向转动,使原料在锅内旋转

二、判断题(正确的画"√",错误的画"×")

1. 晃动锅时,通过手腕的转动及小臂的摆动,加大锅内原料旋转的幅度。用力的大小要适当,若力量过大,则原料旋转不充分;若力量过小,则原料易转出锅外。(　　)

2. 晃锅是指将原料在锅内完全翻转的一种锅功技法。(　　)

任务拓展

利用课余时间勤加练习煎蛋饼晃锅手法。

评价标准

晃锅的操作技能评价标准见表 4-6。

Note

表 4-6 晃锅的操作技能评价标准

姓名： 学号： 成绩：

序号	评价项目	评价内容	评价结果		
			自评（30%）	同学评价（30%）	教师评价（40%）
1	职业素养	着装和个人卫生符合岗位要求（10 分）			
2	安全意识	操作时按照规范要求，并注意环境安全（20 分）			
3	操作技能	晃锅操作时的站姿（20 分）			
		晃锅的动作要领（20 分）			
		原料在锅中运动的幅度是否一致（20 分）			
		晃锅操作频率（10 分）			

子任务四 悬翻锅

操作概述

悬翻锅

悬翻锅是左手握锅耳，在恰当时机将大锅端离火源，手腕托住大锅略前倾将原料送至锅的前半部，向后勾拉时前端翘起与手锅协调配合快速将原料翻动一次，如拔丝苹果，采用悬翻锅的技法不断翻动原料，使苹果个个挂满糖浆，达到出品要求。

任务实施

1. 准备工作

（1）形象准备 着工作服、戴工作帽，做好个人卫生清洁。

（2）环境准备 检查工作环境，保障设备、设施处于正常工作状态，做好环境的清洁整理及检查工作。

（3）工具准备 根据岗位需求，准备干净的工具，为有序、高效开展工作做好准备。

（4）原料准备 根据工作任务选择足够原料，为完成任务做好准备。

2. 操作方法

①左手握住锅耳，将锅端起，与灶口保持一定距离（约 20 cm），使锅前低后高，见图 4-10（a）。

②先向后轻拉，接着迅速向前送出，见图 4-10（b）。

③待原料滑送到锅的前端时，将锅的前端略翘，快速向后拉回，使原料翻转，见图 4-10（c）。

3. 操作要领 向前送出时，速度要快并使锅向下呈弧形滑动；向后拉回时，锅的前端要迅速翘起。

4. 注意事项

①注意悬翻锅操作姿势的保持。

②在悬翻锅的过程中注意安全。

(a) (b) (c)

图 4-10 悬翻锅操作

参考答案

任务检验

一、选择题(将正确答案填入对应的括号中)

1. 悬翻锅时用左手握住锅耳，将锅端起，与灶口保持约( )的距离，使锅前低后高。

A. 5 cm B. 20 cm C. 30 cm D. 50 cm

2. 悬翻锅是左手握锅柄或锅耳，在恰当时机将大锅端离火源，手腕托住大锅略前倾将原料送至锅的( )，向后勾拉时前端翘起，与手锅协调配合快速将原料翻动一次。

A. 前半部 B. 后半部 C. 左半部 D. 右半部

3. 下列有关悬翻锅的操作说法不正确的是( )。

A. 悬翻锅是左手握锅柄或锅耳，在恰当时机将大锅端离火源，手腕托住大锅略前倾将原料送至锅的前半部

B. 悬翻锅向后勾拉时前端翘起与手锅协调配合，快速将原料翻动多次

C. 悬翻锅操作应先向后轻拉，接着迅速向前送出

D. 悬翻锅操作过程中待原料滑送到锅的前半部时，将锅的前端略翘，快速向后回拉，使原料翻转

二、判断题(正确的画“√”，错误的画“×”)

1. 拔丝苹果可采用悬翻锅的技法不断翻动原料，使苹果个个挂满糖浆，达到出品要求。( )

2. 操作悬翻锅须注意向前送出时，速度要快并使锅向下呈弧形滑动；向后回拉时，锅的前端要迅速翘起。( )

任务拓展

利用课余时间练习悬翻锅的操作方法，并炒制一道菜肴。

评价标准

悬翻锅的操作技能评价标准见表 4-7。

表 4-7　悬翻锅的操作技能评价标准

姓名：　　　　　　　　　　　学号：　　　　　　　　　　成绩：

序号	评价项目	评价内容	评价结果		
			自评（30%）	同学评价（30%）	教师评价（40%）
1	职业素养	着装和个人卫生符合岗位要求（10 分）			
2	安全意识	操作时按照规范要求，并注意环境安全（20 分）			
3	操作技能	悬翻锅操作时的站姿（20 分）			
		悬翻锅的动作要领（20 分）			
		原料在锅中运动的幅度是否一致（20 分）			
		悬翻锅操作频率（10 分）			

子任务五　助翻锅

助翻锅

操作概述

助翻锅是左手握锅耳，右手持手勺在炒锅上方里侧，在拉动大锅翻动菜肴的同时，用手勺由后向前推动原料使之翻动。这种方法适用于烹制原料的数量较多，用其他方法难以翻动的菜肴中，并配合小翻锅、悬翻锅技法，如十盘香辣鸡，由于数量多，很难将鸡块翻动，这时往往要采用助翻锅的技法来完成，使菜肴达到受热、入味均匀，成熟度一致，汁匀芡亮的效果。

任务实施

1. 准备工作

（1）形象准备　着工作服、戴工作帽，做好个人卫生。

（2）环境准备　检查工作环境，保障设备、设施处于正常工作状态，做好环境的清洁整理及检查工作。

（3）工具准备　根据岗位需求，准备干净的工具，为有序、高效开展工作做好准备。

（4）原料准备　根据工作任务选择足够原料，为完成任务做好准备。

2. 操作方法

①左手握锅耳，右手持手勺，手勺在锅的上方里侧，见图 4-11（a）。

②锅向后轻拉，再迅速向前送出，手勺协助锅将原料推送至锅的前端，顺势将锅前端略翘，同时推翻原料，见图 4-11（b）。

Note

③接着锅迅速向后回拉，使原料做一次翻转，见图 4-11(c)。

(a) (b) (c)

图 4-11 助翻锅操作

3. 操作要领 锅向前送时，同时利用手勺的背部由后向前推动原料，将其送至锅的前端。原料翻落时，手勺迅速后撤或抬起，防止原料落在手勺上。在整个操作过程中，左右手配合要协调一致。

4. 注意事项

①注意助翻锅操作姿势的保持。

②在助翻锅的过程中注意安全。

参考答案

任务检验

一、选择题(将正确答案填入对应的括号中)

1. 职业道德与(　　)关系最为密切，它关系到社会稳定和人际关系的和谐。

A. 社会生活　　B. 社会治安　　C. 政治教育　　D. 劳动纪律

2. 助翻锅是左手握锅柄和锅耳，右手持手勺在炒锅上方里侧，在拉动大锅翻动菜肴的同时，用手勺由后向前推动原料使之翻动，这种方法适用于原料数量(　　)的情况下。

A. 较多　　B. 较少　　C. 很少　　D. 不足

3. 下列有关助翻锅的操作说法不正确的是(　　)。

A. 助翻锅方法应用在锅内原料数量较多，尤其是用其他方法难以翻动的菜肴中，并配合小翻锅、悬翻锅技法

B. 采用助翻的方法来完成烹调，使菜肴达到受热、入味均匀，成熟度一致，汁匀芡亮的效果

C. 操作助翻锅时要先左手握锅，右手持手勺，手勺在锅的上方里侧

D. 助翻锅操作要求锅向前轻推，再迅速向后拉回，手勺协助锅将原料推送至锅的前端，顺势将锅前端略翘，同时推翻原料

二、判断题(正确的画"√"，错误的画"×")

1. 助翻锅操作应注意锅向前送时，同时利用手勺的背部由后向前推动，将原料送至锅的前端。(　　)

Note

2. 助翻锅过程中左右手配合要协调一致，原料翻落时，手勺迅速后撤或抬起，防止原料落在手勺上。 （ ）

任务拓展

利用课余时间练习助翻锅的操作手法，并炒制一道菜肴。

评价标准

助翻锅的操作技能评价标准见表 4-8。

表 4-8 助翻锅的操作技能评价标准

姓名： 学号： 成绩：

序号	评价项目	评价内容	评价结果		
			自评（30%）	同学评价（30%）	教师评价（40%）
1	职业素养	着装和个人卫生符合岗位要求（10 分）			
2	安全意识	操作时按照规范要求，并注意环境安全（20 分）			
3	操作技能	助翻锅操作时的站姿（20 分）			
		助翻锅的动作要领（20 分）			
		原料在锅中运动的幅度是否一致（20 分）			
		助翻锅操作频率（10 分）			

项目五
勺工

【项目描述】

勺工就是厨师临灶运用炒勺的方法与技巧，即在烹制菜肴的过程中，运用相应的力量及不同方向的推、拉、送、扬、托、翻、晃、转等动作，使炒勺内的烹饪原料能够不同程度地前后左右翻动，使菜肴在加热调味、勾芡和装盘等方面达到应有的质量要求。

项目五

【项目目标】

勺工是根据地方菜肴的特性及菜品的制作要求，厨师运用不同的勺工，将不同原料组合搭配，并根据一定顺序进行勺具翻动，从而满足菜品的制作要求，勺工是烹调操作中重要的基本功。学习烹调技术，也要掌握好勺工。通过本项目的学习，需要注意以下几点。

- 认识勺工在烹饪中的运用。
- 掌握勺工的注意事项。
- 应用不同种类的勺工手法。
- 练习勺工的操作手法。
- 培养学生对勺工的认识，激发学生在未来工作岗位上展示职业风采。
- 明确勺工操作对菜肴制作的重要性，树立中餐厨房工作场所的安全意识。
- 养成良好的翻锅操作行为习惯。
- 培养吃苦耐劳的劳动精神、坚持不懈的钻研精神。

任务一

认识勺工与保养勺具

任务描述

勺工就是厨师临灶运用炒勺(或炒锅)的方法与技巧。勺工是烹饪从业人员必须掌握的一项基本技术,翻勺技术对于菜肴的质量有一定的影响。翻勺需要一定的体力,所以平时就须加强身体锻炼,特别是腕力和臂力,还要具有坚持不懈的韧性和吃苦耐劳的精神。

任务导入

海南省某高星级酒店餐饮部中餐厨师长被集团安排到兄弟酒店进行一段时间的厨房交流学习活动。在这段时间,中餐厨师长深入了解了该地酒店中餐所属的烹饪文化和地方烹饪特色技艺,包括掌握当地市场原料及供应、勺工等技能技术的运用,了解客人的喜好以及行业厨师的发展动态。

任务目标

①了解炒勺的概念及其分类。

②熟练掌握勺工中不同的操作方法和操作要领。

③树立良好的安全意识,培养良好的职业素养。

④通过持续地磨炼,培养持之以恒的耐心。

⑤养成爱岗敬业、精益求精的职业精神。

操作概述

炒勺亦称单柄勺,通常是用熟铁制成的。炒勺在我国北方地区的酒店、餐饮业中餐厨房的使用较普遍。根据烹制菜肴的容量,分为大、中、小 3 种型号。按炒勺的外形及用途,又可分为炒菜勺、扒菜勺、烧菜勺、汤菜勺。

任务实施

1. 准备工作

(1)形象准备　着工作服、戴工作帽,做好个人卫生。

(2)环境准备　检查工作环境,保障设备、设施处于正常工作状态,做好环境的清洁整理及检查工作。

(3)工具准备　根据岗位需求,准备干净的工具,为有序、高效开展工作做好准备。

（4）原料准备　根据工作任务选择足够原料，为完成任务做好准备。

2. 操作方法

（1）炒菜勺的外形特征　勺壁比扒菜勺稍厚，其弧度比扒菜勺小，勺口径也比扒菜勺小。其主要用于炒、熘、爆、烹等烹调方法菜肴的制作，见图5-1。

图5-1　炒菜勺

（2）扒菜勺的外形特征　勺底比炒菜勺厚，勺壁薄、口径大且浅。其主要用于煎、扒等烹调方法菜肴的制作，见图5-2。

图5-2　扒菜勺

（3）烧菜勺的外形特征　勺底、勺壁均厚于炒菜勺，勺口径比炒菜勺稍大，比扒菜勺略小；烧菜勺深度比炒菜勺稍深。其主要用于烧、焖、炖等烹调方法菜肴的制作，见图5-3。

（4）汤菜勺的外形特征　勺壁薄、勺底略平，勺口径大小与扒菜勺相同。其主要用于烹调汤菜、汤、羹类等菜肴。

3. 操作要领　新勺使用前，要用砂纸或红砖磨光，再用食用油润透，使之干净、光滑、油润，这样烹调时原料不易粘勺。

炒菜勺每次用毕后应以炊帚擦净，再用洁布擦干，保持勺内光滑洁净，否则再使用时易粘勺。如炒勺上芡汁较多不易擦净，可将炒勺放在火源上，把芡烤干后再用炊帚擦净；也可撒上少许食盐用炊帚擦净，再用洁布擦干净。烧菜勺、汤勺等每次用毕后，直接用水冲洗干净即可。

图 5-3 烧菜勺

任务检验

一、选择题(将正确答案填入对应的括号中)

1. 下列勺具中(　　)主要用于炒、熘、爆、烹等烹调方法菜肴的制作。

A. 炒菜勺　　B. 扒菜勺　　C. 烧菜勺　　D. 汤菜勺

2. 炒菜勺每次用毕后应以(　　)擦净,再用洁布擦干,保持勺内光滑洁净。

A. 钢丝球　　B. 炊帚　　C. 抹布　　D. 以上都不对

3. 下列关于操作过程中炒勺的使用不正确的是(　　)。

A. 炒勺在我国北方地区的餐饮业使用较为普遍,根据烹制菜肴的容量分为大、中、小 3 种型号

B. 按炒勺的制作材质可分为炒菜勺、扒菜勺、烧菜勺、汤菜勺

C. 炒菜勺主要用于炒、熘、爆、烹等烹调方法的菜肴制作

D. 烧菜勺的勺底、勺壁均厚于炒菜勺,勺口径比炒菜勺稍大

二、判断题(正确的画"√",错误的画"×")

1. 新勺使用前,要用砂纸或红砖磨光,再用食用油润透,使之干净、光滑、油润,这样烹调时原料不易粘勺。(　　)

2. 当炒勺上芡汁较多不易擦净时,可将炒勺放在火源上,把芡烤干后再用炊帚擦净;也可撒上少许食盐用炊帚擦净,再用洁布擦干净。(　　)

参考答案

任务拓展

利用课余时间多观察各种勺的区别和使用方法,勤加练习翻勺,每次使用勺具后用恰当的保养方法保养勺具。

评价标准

勺工与勺具的保养技能评价标准见表 5-1。

表 5-1 勺工与勺具的保养技能评价标准

姓名： 学号： 成绩：

序号	评价项目	评价内容	评价结果		
			自评（30%）	同学评价（30%）	教师评价（40%）
1	职业素养	着装和个人卫生符合岗位要求（10 分）			
2	安全意识	操作时按照规范要求，并注意环境安全（20 分）			
3	操作技能	新勺的保养（20 分）			
		握勺的姿势（20 分）			
		翻勺时勺内原料翻动幅度（20 分）			
		翻勺操作频率（10 分）			

任务二

操作手勺

任务描述

勺工主要是由翻勺动作和手勺动作两部分组成。手勺在勺工中也起着重要的作用，其不单纯是舀料和盛菜装盘，还要参与配合左手翻勺。通过手勺和炒勺的密切配合，可使原料达到受热均匀、成熟度一致、挂芡均匀、着色均匀的目的。手勺在操作过程中大致有拌、搅、拍、淋几种方法。

任务导入

海南省海口市某中职学校烹饪专业学生邢某有自己的厨师梦。在学校就读的第一个学期，他打算练就勺工，为自己学习中国名菜打好实操基础。在专业老师针对性地传道授业后，邢某严格按老师的操作引导，勤学苦练，提前一个月掌握了勺工技术，这得到任课老师的认可和称赞，班级同学也非常佩服邢某付出的努力。

任务目标

①了解各种手勺方法在烹调中的作用。

②加强身体各部位协调性的练习，注意动作和节奏的变化。

③通过学习培养对烹饪的热爱，体验成功的快乐。

④培养安全、卫生的职业操作习惯。

操作概述

手勺操作是临灶操作的基本内容。提升手勺技艺也是从方便操作、提高工作效率和减轻疲劳、降低劳动强度、有利于身体健康等方面考虑的。

任务实施

1. 准备工作

（1）形象准备　着工作服、戴工作帽，做好个人卫生。

（2）环境准备　检查工作环境，保障设备、设施处于正常工作状态，做好环境的清洁整理及检查工作。

（3）工具准备　根据岗位需求，准备干净的工具，为工作有序、高效开展做好准备。

（4）原料准备　根据工作任务选择足够原料，为完成任务做好准备。

Note

2. 操作方法

（1）拌法　当用爆、炒等烹调方法制作菜肴时，原料下锅后，先用手勺翻拌原料将其炒散，再利用翻勺方法将原料全部翻转，使原料受热均匀，见图 5-4。

（2）搅法　有些菜肴在即将成熟时，往往需要烹入芡汁，为了使芡汁均匀包裹住原料，要用勺从侧面搅动，使原料、芡汁受热均匀，并使原料、芡汁融合为一体，见图 5-5。

图 5-4　拌法炒玉米

图 5-5　搅法调制糖醋汁

（3）拍法　在用扒、熘等烹调方法制作菜肴时，先在原料表面淋入水淀粉或汤汁，然后用手勺背部轻轻拍按原料，可使水淀粉向原料四周扩散、渗透，使之受热均匀，成熟的芡汁也均匀分布，见图 5-6。

（4）淋法　淋法即在烹调过程中，根据需要用手勺舀取水、油或水淀粉，缓缓地将其淋入炒勺内，使之分布均匀。淋法是烹调菜肴时的常用操作方法，见图 5-7。

图 5-6　拍法烩腐皮鸡肉

图 5-7　淋法调味烩腐皮

3. 操作要领　针对不同的菜肴制作所运用的勺工，所须配合的手勺技艺要与之保持协调一致，控制好手勺握姿，烹调时要保持专注，切忌一心二用。

4. 注意事项

①注意手勺在临灶操作中姿势的保持。

②在手勺操作的过程中注意安全。

任务检验

一、选择题（将正确答案填入对应的括号中）

1. 制作菜肴时，原料下锅后，先用手勺翻拌原料将其炒散，再利用翻勺方法将原料全部翻转，使原料受热均匀，这一操作方法是（　　）。

A. 拌法　　B. 搅法　　C. 淋法　　D. 拍法

2. 下列有关手勺操作使用的说法不正确的是(　　)。

A. 搅法可用勺从侧面搅动，使原料、芡汁受热均匀，并使原料、芡汁融合为一体

B. 在用扒、熘等烹调方法制作菜肴时常使用拌法

C. 在烹调过程中，淋法操作是根据需要用手勺舀取水、油或水淀粉，缓缓地将其淋入炒勺内，使之分布均匀

D. 烹调菜肴时手勺操作方法主要有拌法、搅法、淋法、拍法

参考答案

二、判断题(正确的画"√"，错误的画"×")

1. 不同的菜肴制作所运用的勺工，不需要手勺技艺配合。(　　)

2. 职业道德调整人们利益关系的意义在于：只有切实为老板着想和服务，才能获取自身的利益。(　　)

任务拓展

利用课余时间多练习手勺操作手法。

评价标准

手勺使用与手勺操作技能评价标准见表 5-2。

表 5-2　手勺使用与手勺操作技能评价标准

姓名：　　学号：　　成绩：

序号	评价项目	评价内容	评价结果		
			自评(30%)	同学评价(30%)	教师评价(40%)
1	职业素养	着装和个人卫生符合岗位要求(10 分)			
2	安全意识	操作时按照规范要求，并注意环境安全(20 分)			
3	操作技能	各种手勺的操作(20 分)			
		拌法、搅法、淋法、拍法的操作(20 分)			
		勺内手勺移动幅度(20 分)			
		手勺操作频率适宜(10 分)			

Note

任务三

应用勺具操作

任务描述

勺工是烹调师重要的基本功，翻勺技术的功底可直接影响菜肴的质量。炒勺置火上，料入炒勺中，原料由生到熟时间很短，稍有不慎就会出现失误。因此，勺工对菜肴的烹调至关重要。

任务导入

海南省海口市某省属中等职业学校定于5月举办烹饪专业技能节。技能节中一个比赛项目是勺工展示。一些烹饪专业学生积极报名参加，跃跃欲试。报名的学生了解参赛规则后，都各自制订了自己的训练计划，准备在技能节一展身手。那么，在这次勺工展示赛项中，具体会进行哪些勺工操作呢？具体的勺工操作要点和评分标准是怎样的呢？

任务目标

①熟知翻勺的概念和分类。

②掌握小翻勺、大翻勺、前翻勺、后翻勺、左翻勺、右翻勺，还有其他几种翻法，如助翻勺、晃勺、转勺的操作方法和操作要领。

③了解不同形式翻勺方法的使用。

④通过学习培养对烹饪的热爱，激发学生在未来工作岗位上展示职业风采。

子任务一 小翻勺

小翻勺方法

操作概述

翻勺技术对菜肴的质量影响重大，其作用主要有以下几个方面。

(1)使烹饪原料受热均匀　烹饪原料在炒勺内的温度高低，一方面可以通过控制火源进行调节；另一方面则可运用翻勺来控制，通过翻勺可使烹饪原料在炒勺内受热均匀。

(2)可使烹饪原料入味均匀　由于炒勺内的原料不断翻动，因此勺内的各种调料能够快速均匀地溶解，充分与菜肴中的各种原料混合，达到入味均匀的目的。

(3)可使烹饪原料着色均匀　通过翻勺的运用，确保成品菜肴色泽均匀一致，如用煎、贴烹调方法制作菜肴，在上色时有色调料在菜肴中的分布均是依靠翻勺实现的。

（4）可使烹饪原料挂芡均匀　通过晃勺、翻勺，可以使芡汁均匀包裹原料。

在烹调过程中，要使原料在炒勺内成熟度一致、入味均匀、着色均匀、挂芡均匀，除了用手勺搅拌以外，还要用翻勺的方法达到上述要求。翻勺时一般是左手持握锅柄，右手持握手勺。

小翻勺又称颠勺，是最常用的翻勺方法。这种方法因原料在其中运动的幅度较小，故称小翻勺。小翻勺又可分为前翻勺和后翻勺两种。

任务实施

1. 准备工作

（1）形象准备　着工作服、戴工作帽，做好个人卫生。

（2）环境准备　检查工作环境，保障设备、设施处于正常工作状态，做好环境的清洁整理及检查工作。

（3）工具准备　根据岗位需求，准备干净的工具，为有序、高效开展工作做好准备。

（4）原料准备　根据工作任务选择足够原料，为完成任务做好准备。

2. 操作方法

（1）悬翻勺操作　用左手握住勺柄，将勺端起，与灶口保持一定距离（20～30 cm），使炒勺前低后高，先向后轻拉，再迅速向前送出。原料送至炒勺前端时，将炒勺的前端略翘，快速向后拉回，使原料做一次翻转，见图 5-8。

图 5-8　悬翻勺操作

（2）拉翻勺操作　左手握住勺，炒勺向前倾斜，先向后轻拉，再迅速向前送出，以灶口边为支点，炒勺底部紧贴灶口边沿呈弧形下滑，至炒勺前端还未触碰到靠炒勺前端的灶口前沿时，将炒勺的前端略翘,然后快速向后勾拉,使原料翻转,见图 5-9。

图 5-9 拉翻勺操作

(3)后翻勺操作 左手握住勺柄,先迅速后拉,使炒勺中原料移至炒勺后端,同时向上托起。当托至大臂与小臂成 90°时,顺势快速前送,使原料翻转。

3. 操作要领 操作悬翻勺时向前送时速度要快,同时炒勺向下呈弧形运动;向后拉时,炒勺的前端要迅速翘起。

拉翻勺是通过小臂带动大臂运动,利用灶口作为支点,使勺底在灶口上前后呈弧形滑动;炒勺向前送时速度要快,先将原料滑送到炒勺的前端,然后顺势依靠腕力快速向后勾拉,使原料翻转。拉、送、勾拉三个动作要连贯、协调、利落。

后翻勺向后拉的动作和向上托的动作要同时进行,动作要迅速,使炒勺向上呈弧形运动。当原料运行至炒勺后端边沿时,快速前送。拉、托、送三个动作要连贯协调,不可脱节。

4. 注意事项

①注意小翻勺操作姿势的保持。

②在小翻勺操作的过程中注意安全。

参考答案

任务检验

一、选择题(将正确答案填入对应的括号中)

1. 悬翻勺是指用左手握住勺柄,将勺端起,与灶口保持(　　)的距离,使炒勺前低后高,先向后轻拉,再迅速向前送出。原料送至炒勺前端时,将炒勺的前端略翘,快速向后拉回,使原料做一次翻转。

A. 15～20 cm　　B. 20～30 cm　　C. 30～40 cm　　D. 40～50 cm

2. 后翻勺是用左手握住勺柄,先迅速后拉,使炒勺中原料移至炒勺后端,同时向上托起。当

Note

托至大臂与小臂成(　　)时,顺势快速前送,使原料翻转。

A. 90°　　B. 100°　　C. 120°　　D. 180°

3. 下列有关小翻勺的操作的说法不正确的是(　　)。

A. 小翻勺又称颠勺,是常用的一种翻勺方法

B. 小翻勺根据操作的具体方法可分为前翻勺、后翻勺和侧翻勺三种

C. 拉翻勺是通过小臂带动大臂的运动,利用灶口作为支点,使勺底在灶口上前后呈弧形滑动

D. 后翻勺向后拉的动作和向上托的动作要同时进行,动作要迅速,使炒勺向上呈弧形运动

二、判断题(正确的画"√",错误的画"×")

1. 操作悬翻勺时向前送时速度要快,同时炒勺向下呈弧形运动;向后拉时,炒勺的前端要迅速翘起。(　　)

2. 后翻勺一般适用于单柄勺,主要用于烹制汤汁较多的菜肴,旨在防止汤汁溅到握炒勺的手上。(　　)

任务拓展

利用小翻勺手法炒出一道美味菜肴。

评价标准

小翻勺的操作技能评价标准见表 5-3。

表 5-3　小翻勺的操作技能评价标准

姓名:　　　　学号:　　　　成绩:

序号	评价项目	评价内容	评价结果		
			自评(30%)	同学评价(30%)	教师评价(40%)
1	职业素养	着装和个人卫生符合岗位要求(10 分)			
2	安全意识	操作时按照规范要求,并注意环境安全(20 分)			
3	操作技能	悬翻勺的操作方式(20 分)			
		拉翻勺的操作方式(30 分)			
		后翻勺的操作方式(20 分)			

子任务二 大翻勺

大翻勺方法

操作概述

大翻勺是指将炒勺内的原料,一次性做 180°翻转(翻面)的一种翻勺方法,因翻勺的动作及原

料在勺中翻转幅度较大，故称为大翻勺。大翻勺技术难度较大，要求也比较高，不仅要使原料整体翻面，而且翻转过来的原料要保持整齐、美观、不变形。大翻勺的方法较多，大致可分为前翻、后翻、左翻、右翻等，这主要是按翻勺的动作方向区分的，基本动作大致相同，目的一样。下面以大翻勺中的前翻为例，介绍大翻勺的技法。

任务实施

1. 准备工作

（1）形象准备　着工作服、戴工作帽，做好个人卫生。

（2）环境准备　检查工作环境，保障设备、设施处于正常工作状态，做好环境的清洁整理及检查工作。

（3）工具准备　根据岗位需求，准备干净的工具，为有序、高效开展工作做好准备。

（4）原料准备　根据工作任务选择足够原料，为完成任务做好准备。

2. 操作方法　左手握炒勺，先晃勺，调整好炒勺中原料的位置，略向后拉，随即向前送出，接着顺势上扬炒勺，将炒勺内的原料抛向炒勺的上空，在上扬的同时，炒勺向里勾拉，使离勺的原料呈弧形做 180°翻转。原料下落时，炒勺向上托起，顺势接住原料一同落下，见图 5-10。

图 5-10　大翻勺操作

3. 操作要领　大翻勺主要用于扒、煎、贴等烹调方法的菜肴制作。单柄勺、单柄平底锅、双耳锅均可使用大翻勺方法。

4. 注意事项　晃勺时要适当调整原料的位置，若是整条鱼，应鱼尾向前，鱼头向后。若勺内原料为条形的，要顺条翻，不可横条翻，否则易使原料散乱。

拉、送、扬、拉、托、翻、接七个动作要连贯协调、一气呵成。炒勺向后拉时，要带动原料向后移动，随即向前送出，加大原料在勺中运行的距离，然后顺势上扬，利用腕力使炒勺略向里勾拉，使原料完全翻转。接原料时，手腕要有向上托的动作，并与原料一起顺势下落，以缓冲原料与炒勺的碰撞，防止原料松散及汤汁四溅。

除翻勺的动作要求快速、准确、协调、衔接外，还要求做到炒勺光滑不涩。晃勺时可淋少量油，以增加润滑度。

参考答案

任务检验

一、选择题(将正确答案填入对应的括号中)

1. 大翻勺是指将炒勺内的原料，一次性做(　　)翻转的一种翻勺方法，因翻勺的动作及原料在勺中翻转幅度较大，故称之大翻勺。

A. 90°　　B. 100°　　C. 120°　　D. 180°

2. 单柄勺、双耳锅均可使用大翻勺方法，大翻勺主要用于(　　)等烹调方法的菜肴制作。

①扒　②煎　③炖　④煮　⑤贴

A. ①②③④⑤　　B. ①②⑤　　C. ①③⑤　　D. ②④

3. 下列有关大翻勺的操作说法不正确的是(　　)。

A. 大翻勺技术难度较大，要求也比较高，不仅要使原料整个翻转过来，而且翻转过来的原料要保持整齐、美观、不变形

B. 大翻勺的手法较多，按翻勺的动作方向可大致分为前翻、后翻、左翻、右翻等

C. 大翻勺适用于烹制煎、炸、焗等类菜肴的制作

D. 大翻勺操作要求左手握炒勺，先晃勺，调整好炒勺中原料的位置，略向后拉，随即向前送出，接着顺势上扬炒勺，将炒勺内的原料抛向炒勺的上空，在上扬同时，炒勺向里勾拉，使离勺的原料呈弧形做180°翻转，原料下落炒勺向上托起，顺势接住原料一同落下

二、判断题(正确的画“√”，错误的画“×”)

1. 晃勺时要适当调整原料的位置，若是整条鱼，应鱼头向前，鱼尾向后。(　　)

2. 大翻勺操作的拉、送、扬、拉、托、翻、接的动作要连贯协调、一气呵成。(　　)

任务拓展

利用课余时间练习大翻勺的操作方法，并试着制作一道菜肴。

评价标准

大翻勺技能评价标准见表5-4。

表5-4　大翻勺技能评价标准

姓名：　　　　学号：　　　　成绩：

序号	评价项目	评价内容	评价结果		
			自评(30%)	同学评价(30%)	教师评价(40%)
1	职业素养	着装和个人卫生符合岗位要求(10分)			
2	安全意识	操作时按照规范要求，并注意环境安全(20分)			

续表

序号	评价项目	评价内容	评价结果		
			自评（30%）	同学评价（30%）	教师评价（40%）
3	操作技能	大翻勺的操作（20 分）			
		大翻勺的动作标准（20 分）			
		勺内原料翻动幅度一致（20 分）			
		大翻勺的频率适宜（10 分）			

子任务三 助翻勺

助翻勺

操作概述

助翻勺是指炒勺翻动时，手勺协助推动原料翻转的一种翻勺技法。

任务实施

1. 准备工作

（1）形象准备　着工作服、戴工作帽，做好个人卫生。

（2）环境准备　检查工作环境，保障设备、设施处于正常工作状态，做好环境的清洁整理及检查工作。

（3）工具准备　根据岗位需求，准备干净的工具，为有序、高效开展工作做好准备。

（4）原料准备　根据工作任务选择足够原料，为完成任务做好准备。

2. 操作方法

①助翻勺是左手握炒勺，右手持手勺，手勺在炒勺的上方里侧，炒勺先向后轻拉，再迅速向前送出，手勺协助炒勺将原料推送至炒勺的前端，顺势将炒勺前端略翘，同时手勺推向前，翻动原料。最后炒勺快速向后拉回，使原料做一次翻转，见图 5-11(a)。

②炒勺向前送的同时，利用手勺的背部由后向前将原料送至炒勺的前端。原料翻落时，手勺迅速后撤或抬起，防止原料落在手勺上。在整个翻勺过程中左右手要协调一致，见图 5-11(b)。

3. 操作要领　助翻勺主要用于原料数量较多、原料不易翻转的情况下，或使芡汁均匀裹住原料。单柄勺、单柄平底锅、双耳锅均可使用助翻勺方法。

4. 注意事项

①注意助翻勺操作姿势的保持。

②在助翻勺的过程中注意安全。

(a) (b)

图 5-11 助翻勺操作

任务检验

一、选择题(将正确答案填入对应的括号中)

1. 职业道德在形式上具有( )。

A. 客观性 B. 主观性 C. 多样性 D. 单一性

2. 助翻勺主要用于原料数量较多、原料( )翻转的情况下,或使芡汁均匀裹住原料。单柄勺、双耳锅均可使用助翻勺方法。

A. 非常容易 B. 容易 C. 不易 D. 以上都不对

3. 下列有关助翻勺操作的说法不正确的是( )。

A. 助翻勺技法要求炒勺动时,手勺协助推动原料翻转

B. 助翻勺是将右手握炒勺,左手持手勺,手勺在炒勺的下方外侧,炒勺先向后轻拉,再迅速向前送出,手勺协助炒勺将原料推送至炒勺的前端,顺势将炒勺前端略翘,同时手勺推翻原料

C. 助翻勺操作中炒勺向前送的同时,利用手勺的背部由后向前将原料送至炒勺的前端

D. 在整个助翻勺操作过程中左右手要协调一致

二、判断题(正确的画"√",错误的画"×")

1. 助翻勺操作中需要将炒勺快速向后拉回,使原料做一次翻转。( )

2. 助翻勺操作中要注意原料翻落时,手勺迅速后撤或抬起,防止原料落在手勺上。( )

参考答案

任务拓展

利用课余时间练习助翻勺的操作手法,并烹制一道菜肴。

评价标准

助翻勺技能评价标准见表 5-5。

Note

表 5-5　助翻勺技能评价标准

姓名：　　　　　　　　　　　　学号：　　　　　　　　　　　　成绩：

序号	评价项目	评价内容	评价结果		
			自评（30%）	同学评价（30%）	教师评价（40%）
1	职业素养	着装和个人卫生符合岗位要求（10 分）			
2	安全意识	操作时按照规范要求，并注意环境安全（20 分）			
3	操作技能	助翻勺的操作（20 分）			
		操作时动作标准（20 分）			
		勺内原料翻动幅度大小（20 分）			
		助翻勺的频率适宜（10 分）			

子任务四 晃勺

晃勺方法

操作概述

晃勺应用较广泛，在用煎、贴、扒等烹调方法制作菜肴时，以及在翻勺之前都可运用，单柄勺、单柄平底锅、双耳锅均可使用。晃勺亦称转菜，是指使原料在炒勺内旋转的一种勺工技艺。晃勺是使原料在炒勺内受热均匀，防止粘锅；调整原料在炒勺内的位置，以保证翻勺或出菜装盘的顺利进行。

任务实施

1. 准备工作

（1）形象准备　着工作服、戴工作帽，做好个人卫生。

（2）环境准备　检查工作环境，保障设备、设施处于正常工作状态，做好环境的清洁整理及检查工作。

（3）工具准备　根据岗位需求，准备干净的工具，为有序、高效开展工作做好准备。

（4）原料准备　根据工作任务选择足够原料，为完成任务做好准备。

2. 操作方法　晃勺是用左手握住炒勺柄端平，通过手腕的转动，带动炒勺做顺时针或逆时针转动，使原料在炒勺内旋转，见图 5-12。

3. 操作要领　晃动炒勺时，主要通过手腕的转动及小臂的摆动，加大炒勺内原料旋转的幅度，力量的大小要适中。若力量过大，则原料易转出炒勺外；若力量不足，则原料旋转不充分。

4. 注意事项

①注意晃勺操作姿势的保持。

②在晃勺的过程中注意安全。

图 5-12 煎蛋饼晃勺操作

任务检验

一、选择题(将正确答案填入对应的括号中)

1. 晃勺是用左手握住炒勺柄端平,通过手腕的转动,带动炒勺做顺时针或逆时针转动,使原料在炒勺内(　　)。

A. 跳动　　B. 翻转　　C. 旋转　　D. 以上都不对

2. 下列有关晃锅的操作说法不正确的是(　　)。

A. 晃勺应用较广泛,在用煎、贴、扒等烹调方法制作菜肴时,以及在翻勺之前都可运用

B. 晃勺是指使原料在炒勺内旋转的一种勺工技艺

C. 晃勺可使原料在炒勺内受热均匀,防止粘锅

D. 晃动炒勺的力量大小要适中。若力量不足,则原料易转出炒勺外;若力量过大,则原料旋转不充分

二、判断题(正确的画"√",错误的画"×")

1. 晃动炒勺时,主要通过手腕的转动及小臂的摆动,加大炒勺内原料旋转的幅度。　(　　)

2. 晃勺时需要调整原料在炒勺内的位置,以保证翻勺或出菜装盘的顺利进行。　(　　)

任务拓展

利用课余时间练习晃勺的操作方法,并炒制一道菜肴。

评价标准

晃勺技能评价标准见表 5-6。

表 5-6 晃勺技能评价标准

姓名:　　　　学号:　　　　成绩:

序号	评价项目	评价内容	评价结果		
			自评(30%)	同学评价(30%)	教师评价(40%)
1	职业素养	着装和个人卫生符合岗位要求(10 分)			

参考答案

Note

续表

序号	评价项目	评价内容	评价结果		
			自评（30%）	同学评价（30%）	教师评价（40%）
2	安全意识	操作时按照规范要求，并注意环境安全(20分)			
3	操作技能	晃勺操作时的站姿(20分)			
		晃勺的动作要领(20分)			
		勺内原料翻动幅度大小(20分)			
		晃勺的频率适宜(10分)			

子任务五 转勺

转勺

操作概述

转勺亦称转锅，是指转动炒勺的一种勺工技术。转勺与晃勺不同，晃勺是炒勺与原料一起转动，而转勺是炒勺转动、原料不转动。通过转勺，可防止原料粘锅。

任务实施

1. 准备工作

（1）形象准备　着工作服、戴工作帽，做好个人卫生。

（2）环境准备　检查工作环境，保障设备、设施处于正常工作状态，做好环境的清洁整理及检查工作。

（3）工具准备　根据岗位需求，准备干净的工具，为有序、高效开展工作做好准备。

（4）原料准备　根据工作任务选择足够原料，为完成任务做好准备。

2. 操作方法　转勺是用左手握住勺柄，炒勺不离灶口，快速将炒勺向左或向右转动，见图5-13。

图 5-13　生蚝煎蛋转勺操作

Note

3. 操作要领 手腕向左或向右转动时速度要快，否则炒勺会与原料一起转，起不到转勺的作用。这种方法主要用于烧、扒等烹调方法的制作，单柄勺、单柄平底锅、双耳锅均可使用。

4. 注意事项

①注意转勺操作姿势的保持。

②在转锅操作的过程中注意安全。

参考答案

任务检验

一、选择题（将正确答案填入对应的括号中）

1. 转勺方法主要用于（ ）等烹调方法的制作，单柄勺、双耳锅均可使用。

A. 烧、煎　　B. 烧、扒　　C. 炸、扒　　D. 烩、炖

2. 下列有关转勺的操作说法不正确的是（ ）。

A. 转勺亦称转锅，是指转动炒勺的一种勺工技术

B. 转勺与晃勺操作方法不同

C. 转勺是炒勺与原料一起转动，而晃勺是炒勺转动、原料不转动

D. 转勺操作可防止原料粘锅

二、判断题（正确的画"√"，错误的画"×"）

1. 转勺操作需要注意手腕向左或向右转动时速度要快，否则炒勺会与原料一起转，起不到转勺的作用。（ ）

2. 转勺是用左手握住勺柄，炒勺不离灶口，快速将炒勺向前或向后转动。（ ）

任务拓展

利用课余时间练习转勺的操作方法，并炒制一道菜肴。

评价标准

转勺技能评价标准见表 5-7。

表 5-7 转勺技能评价标准

姓名：　　学号：　　成绩：

序号	评价项目	评价内容	评价结果		
			自评（30%）	同学评价（30%）	教师评价（40%）
1	职业素养	着装和个人卫生符合岗位要求（10 分）			
2	安全意识	操作时按照规范要求，并注意环境安全（20 分）			
3	操作技能	转勺操作时动作标准（20 分）			
		勺内原料翻动幅度大小（30 分）			
		转勺的频率适宜（20 分）			

参考文献

REFERENCES

[1] 陈学智.中国烹饪文化大典[M].杭州:浙江大学出版社,2011.

[2] 王启武.烹饪基本功训练[M].北京:高等教育出版社,2010.

[3] 苏爱国,许磊,段辉煌.烹调工艺基础[M].武汉:华中科技大学出版社,2021.

[4] 邵国俊,谢洪山,侯邦云.烹调基本功[M].武汉:华中科技大学出版社,2020.

[5] 李刚.烹饪刀工述要[M].北京:高等教育出版社,1988.

[6] 《中国烹饪百科全书》编辑委员会.中国烹饪百科全书[M].北京:中国大百科全书出版社,1992.

[7] 王晓春.烹饪原料加工技术[M].南京:江苏教育出版社,2013.

Note